WISSENSCHAFTLICHE ABHANDLUNGEN DER ARBEITSGEMEINSCHAFT FÜR FORSCHUNG DES LANDES NORDRHEIN-WESTFALEN

Band 22

WISSENSCHAFTLICHE ABHANDLUNGEN DER ARBEITSGEMEINSCHAFT FÜR FORSCHUNG DES LANDES NORDRHEIN-WESTFALEN

Band 22

MAX BRAUBACH

Die Geheimdiplomatie des Prinzen Eugen von Savoyen

HERAUSGEGEBEN
IM AUFTRAGE DES MINISTERPRÄSIDENTEN Dr. FRANZ MEYERS
VON STAATSSEKRETÄR PROFESSOR Dr. h. c. Dr. E. h. LEO BRANDT

Die Geheimdiplomatie des Prinzen Eugen von Savoyen

von

Max Braubach

SPRINGER FACHMEDIEN WIESBADEN GMBH

Erweiterte Fassung eines vor
der Arbeitsgemeinschaft für Forschung des Landes Nordrhein-Westfalen
am 15. November 1961 gehaltenen Vortrags.

ISBN 978-3-322-98340-4 ISBN 978-3-322-99075-4 (eBook)
DOI 10.1007/978-3-322-99075-4

Ursprünglich erschienen bei Westdeutscher Verlag, Köln und Opladen 1962

Prinz Eugen von Savoyen

Nach einem Gemälde von Jan Kupecký

Vorwort

Die hier vorgelegte Studie stellt ein m. E. besonders interessantes Teilergebnis von umfassenden Forschungen über den Prinzen Eugen von Savoyen und damit eine Vorarbeit und zugleich Entlastung für dessen Biographie dar, die ich in absehbarer Zeit abzuschließen hoffe.

Ich möchte schon diese Gelegenheit benutzen, um sowohl der Deutschen Forschungsgemeinschaft als auch der Leitung und den Beamten des Wiener Haus-, Hof- und Staatsarchivs für die Ermöglichung und Unterstützung meiner Forschungen über den Savoyer aufrichtigen Dank zu sagen. Auch dem Herrn Kultusminister und der Arbeitsgemeinschaft für Forschung des Landes Nordrhein-Westfalen, vor der ich am 15. November 1961 in einem Vortrag den Inhalt dieser Arbeit wiedergegeben habe, bin ich für mannigfach gewährte Hilfe dankbar.

Die beigegebenen Bilder entstammen z. T. der Porträtsammlung der Wiener Nationalbibliothek. Leider war ein Bild von Ignaz Koch, dem Geheimsekretär des Prinzen Eugen und später der Kaiserin Maria Theresia, nicht zu ermitteln.

Max Braubach

INHALT

Es gibt eine Reihe von Untersuchungen über Entstehung und Ausbildung der Diplomatie, und es sind auch immer wieder Versuche unternommen worden, deren Ergebnisse in Überblicken über die internationalen Beziehungen und in Handbüchern für den diplomatischen Dienst zusammenzufassen [1]. Erwachsen im 15. Jahrhundert auf dem Boden der sich geistig und politisch von den abendländisch-christlichen Ideen der Zusammengehörigkeit emanzipierenden italienischen Stadt- und Fürstenstaaten und seit 1500 übernommen durch die im Inneren sich unter absoluten Herrschern einigenden und nach Selbständigkeit, Macht und Ausdehnung strebenden nationalen Reichen des westlichen Europa, wurde die Diplomatie im 17. und 18. Jahrhundert dann großartig vervollkommnet, und sie erhielt nunmehr allenthalben, ebenso wie das fast gleichzeitig entstandene andere Werkzeug absolutistischer Staatsmacht und internationaler Auseinandersetzung, das ständige Heer, besondere Bedeutung und eigenes Gewicht, womit sie teils rücksichtslos störend, minierend, kämpfend, teils auch glättend, beruhigend, verbindend den Gang der Geschichte beeinflußte. Schon in jener Zeit selbst sind nicht nur Phänomen und Technik dieser Erscheinung in Schriften etwa von François de Callières oder Abraham de Wicquefort behandelt, sondern auch bereits manches diplomatische Quellenmaterial sowohl offizieller als auch geheimer Natur veröffentlicht worden, und erst recht hat dann der Gelehrtenfleiß des 19. und 20. Jahrhunderts die Geheimnisse des politischen Spiels der Vergangenheit durch Publikationen oder Auswertung der in den Archiven aufbewahrten Akten und Korrespondenzen zu enthüllen gesucht. Für das im 16. Jahrhundert zum großen Lehrmeister der Diplomatie gewordene Frankreich liegt so für die Zeit zwischen dem Westfälischen Frieden und der Französischen Revolution ein unschätzbares Material in der Sammlung der Instruktionen vor, die von den Königen und ihren Ministern den Gesandten bei den übrigen Mächten bei Antritt ihres Amtes mitgegeben wurden [2], und Organisation, Technik, Mittel und Gewohnheiten der französischen Diplomatie sind für die Zeit Ludwigs XIV. von Picavet, für die ganze Epoche des 17. und 18. Jahrhunderts im Hinblick speziell auf die Tätigkeit der ständigen Referenten des Außendienstes an der Zentrale, der sogenannten Premier Commis, von Piccioni geklärt worden [3]. Auch in England, das seit der glorreichen Revolution Frankreichs großer Gegenspieler geworden war, hat man vor einiger Zeit mit der Ausgabe der Gesandten-Instruktionen begonnen, und neuerdings hat hier Horn ein umfangreiches diplomatisches Quellenmaterial zu einer lichtvollen Darstellung des britischen diplomatischen Dienstes von 1689 bis 1789 ausgewertet [4]. Für Holland, das im 17. Jahrhundert ja den Höhepunkt seines politischen Einflusses erlebte, gibt es große Aktenveröffentlichungen, und ebenso fehlt es nicht an spanischen, italienischen, schwedischen und selbst russischen Editionen, während vor allem zu dem erstaunlichen Aufstieg Brandenburg-Preußens durch die Veröffentlichungen eines großen Teils der politischen Korrespondenzen des Großen Kurfürsten und Friedrichs des Großen eine breite Quellengrundlage geschaffen wurde [5]. Wenn zudem in internationaler Zusammenarbeit in dem Repertorium der diplomatischen Vertreter aller Länder seit 1648 ein in den beiden bisher erschienenen Bänden bis 1763 geführtes wichtiges Hilfsmittel für jeden Forscher erstellt wurde [6], so ist zur Zeit ein zwar nur von Deutschen getragenes, inhaltlich aber fast ganz Europa umfassendes Editionsunternehmen in den von Konrad Repgen und mir geleiteten „Acta Pacis Westphalicae“ in Angriff genommen worden, von denen ein erster die Hauptinstruktionen der kaiserlichen, schwedischen und französischen Bevollmächtigten bei dem Friedenskongreß enthaltender Band in Kürze erscheinen wird.

So kann man denn wohl sagen, daß die großen außenpolitischen Zusammenhänge durchaus zu erkennen sind: sie konnten zuletzt in der von Pierre Renouvin herausgegebenen „Histoire des Relations Internationales“ zu eindringender Darstellung gebracht werden [7]. Aber wieviel bleibt gerade für das 17. und 18. Jahrhundert noch zu erforschen, um für eine bestimmte Epoche oder für ein bestimmtes Land ein klares Bild der sehr vielfältigen und unterschiedlichen Art, Funktion, Technik und Wirkung dieses wichtigen Instruments der großen Politik der Mächte zu gewinnen, und wie sehr liegen für uns Motive und Anteil der leitenden Staatsmänner, vor allem auch der geheime diplomatische Untergrund des Geschehens im Dunkel! Es ist auch ein Ziel der im folgenden vorgelegten Forschungsergebnisse, etwas von diesem Dunkel zu erhellen. Hauptsächlich stellen sie allerdings eine Vorarbeit zu der seit Jahren von mir geplanten und vorbereiteten Biographie eines Mannes dar, der, wohl mehr noch als man bisher annahm, eine zentrale Figur in den großen politischen Auseinandersetzungen des 17./18. Jahrhunderts darstellte.

Kaiser Karl VI.

Nach einem Gemälde von Auerbach

HERZOG FERDINAND ALBRECHT VON BRAUNSCHWEIG-BEVERN
Nach einem Gemälde von Antoine Pesne

GRAF FRIEDRICH HEINRICH VON SECKENDORFF

Nach einem Gemälde von Antoine Pesne

Graf Lothar Joseph von Königsegg

Nach einem Stich unbekannter Herkunft

I.

Unbestritten ist die große historische Rolle, die der Prinz Eugen von Savoyen als Soldat, als Feldherr der habsburgischen Kaiser, als Sieger über Türken und Franzosen und damit als Schützer des Abendlandes und als Bewahrer des europäischen Gleichgewichts gespielt hat. Sicherlich auf persönlichen Ruhm bedacht, war er von keinem Wallensteinschen oder Bonaparteschen Ehrgeiz erfüllt, und es sind zunächst die Nöte, in die den General das Versagen der politischen Leitung Österreichs versetzten, und dann das ihm durch seine militärischen Erfolge zufallende Ansehen gewesen, die ihn fast wider Willen zur politischer Einflußnahme drängten und führten. Dieser Eintritt des Soldaten in die Politik begann nach seinem ersten großen Türkensieg bei Zenta und dem darauf geschlossenen Carlowitzer Frieden. Noch bedeutete es nicht viel, daß Kaiser Leopold I. den seit seiner Flucht aus Frankreich als Soldat im kaiserlichen Heere großartig bewährten Fremdling zu Beginn des Jahres 1700 zum Mitglied des Geheimen Rates ernannte, denn dies aus zahlreichen Köpfen bestehende Gremium hatte neben den in der Geheimen Konferenz zusammengefaßten Ministern keine wirkliche Funktion mehr [8]. So war Eugen denn auch an den Beratungen in der Wiener Hofburg nicht beteiligt, die den Beschluß zum Kampf mit Frankreich um das von Ludwig XIV. für seinen Enkel beanspruchte große Erbe der spanischen Habsburger zur Folge hatten. Aber als er, mit der Führung des Krieges in Italien betraut, von Wien sich nicht genügend unterstützt sah, hat er, um die Voraussetzungen für Erfolge in den militärischen Auseinandersetzungen zu schaffen, politische Macht erstrebt und ertrotzt. An anderer Stelle sind diese Vorgänge geschildert worden, und so soll hier nur darauf hingewiesen werden, daß der Prinz, selbstverständlich als Feldherr seit langem mit den Praktiken militärischer Aushorchung, Überwachung und Täuschung des Gegners vertraut, auch in diesem politischen Kampf innerhalb des eigenen Lagers geheime Kanäle zu legen und zu nutzen verstand [9]. Mit der zum Teil auf diesem Wege, in der Hauptsache freilich durch seine persönliche Einwirkung in Wien Ende Juni 1703 erreichten Erhebung zum Präsidenten des Hofkriegsrats trat er in den Kreis jener Konferenzminister ein, denen der Kaiser alle wichtigen politischen Probleme zur Behandlung zuwies, während der Posten selbst zugleich eine besondere außenpolitische Aufgabe mit sich brachte, die Führung der Verhandlungen mit den Türken. Seitdem stand er im Mittelpunkt auch der politischen Kriegführung, und daß er dazu befähigt war, das hat er schon im Jahre 1704 in dem Zusammenwirken mit dem kaiserlichen

Botschafter bei dem verbündeten England, Wratislaw, und mit dem englischen Heerführer Marlborough bewiesen, das den glorreichen Schlachtensieg von Höchstädt vorbereitete.

Freilich damals wie auch in den folgenden Jahren waren seine politische Einwirkung und seine diplomatische Fähigkeit doch im wesentlichen noch auf die Operationen des Heeres ausgerichtet, das er persönlich von 1705 bis 1707 in Italien und seit 1708 in den Niederlanden kommandierte. Unter Leopolds Nachfolger, Kaiser Joseph I., suchte dessen Obristhofmeister Fürst Salm in Wien die Rolle eines ersten Ministers zu spielen, und mit ihm ist nun der Feldherr bald ebenso in Konflikt geraten wie einst mit den Beratern des verstorbenen Kaisers, ein Konflikt, der in diesem Fall auch in verschiedener Einstellung zu außenpolitischen Fragen seinen Grund hatte [10]. Weniger von dem Savoyer als von dem mit ihm eng verbundenen, inzwischen als Böhmischer Kanzler in die Geheime Konferenz eingetretenen Wratislaw geführt, hat dieser neue innere Machtkampf im Sommer 1710 mit der Ausschaltung Salms geendet, und zu diesem Zeitpunkt haben manche Kreise in Wien bereits damit gerechnet, daß der große Kapitän nun auch der leitende Staatsmann Österreichs wurde [11]. In der Tat ist ihm nach dem Ausscheiden des Fürsten Salm das Recht zugefallen, den Vorsitz in der Geheimen Konferenz zu führen, wenn er in Wien war. Doch einmal war das nicht häufig der Fall, da die Fortdauer des Krieges seine Anwesenheit im Feld nötig erscheinen ließ. Zudem aber scheint ihm selbst zu jener Zeit noch wenig daran gelegen zu haben, das Staatsruder in die eigene Hand zu nehmen. Gewiß wollte er künftig in allen außenpolitischen Fragen gehört werden, doch die Beratung des Kaisers und die Direktion der diplomatischen Aktionen überließ er Wratislaw, mit dessen Intentionen er offenbar weitgehend übereinstimmte.

Man wird wohl sagen können, daß es weniger sein Wille als die durch Zufälle bestimmte Macht der Verhältnisse gewesen ist, die den ersten Soldaten Österreichs doch auch zum ersten Minister nicht nur dem Range nach werden ließ. Überraschend starb Kaiser Joseph I. im April 1711, sein Nachfolger als Herr der Habsburger Monarchie wie auch als Kaiser wurde sein Bruder Karl VI., der einzige noch lebende männliche Habsburger, der bis dahin in Spanien um die dortige Krone gekämpft hatte. Von der Pyrenäenhalbinsel nach Deutschland zurückgeeilt, hat er bei der ersten Zusammenkunft in Innsbruck mit Eugen dessen ständigen Rat erbeten und ihn persönlich bald darauf mit der wichtigsten diplomatischen Aktion betraut, die es angesichts der kritisch gewordenen politischen Lage in Europa für Österreich geben konnte, nämlich das Ausscheiden Englands, wo Eugens Kriegskamerad Marlborough gestürzt worden war, aus dem Kampf gegen Frankreich zu verhindern. Es war, wie sich rasch zeigte, ein aussichtsloses Unterfangen, und Eugen hat sich nach seiner Rückkehr auf das Festland zunächst genötigt gesehen, die infolge der immer deutlicher werdenden Unzuverlässigkeit der Verbündeten bedenklich gewordene Kriegslage zu meistern. Doch dann führte ihn ein zweiter Schicksalsschlag, der nicht nur das Haus Österreich, sondern auch ihn persönlich schwer traf, noch stärker in die große Politik. Am 21. Dezember 1712 starb der erst 43jährige Wratislaw, sein alter ego in der Wiener Konferenz, wohl der fähigste Staatsmann und Diplomat, den die Hofburg damals besaß [12]. Sollte Eugen das Feld in Wien nun den von Karl VI. mitgebrachten Spaniern überlassen oder dem zwar wendigen und unterrichteten, aber leichtfertigen und opportunistischen Hofkanzler Sinzendorf? Daß er Schritte unternommen hätte, sie auszuschalten oder gar sich selbst dem neuen Kaiser aufzudrängen, läßt sich nicht feststellen, aber da hat, nachdem Sinzendorf bei den in Utrecht begonnenen Friedensverhandlungen den Abschluß eines Sonderfriedens zwischen den Seemächten und Frankreich nicht hatte hindern können, das Vertrauen Karls ihm die Durchführung von Besprechungen mit dem ihm am Oberrhein gegenüberstehenden französischen Marschall Villars zwecks Beendigung des Krieges übertragen, und er hat diese schwierige Aufgabe erfolgreich gelöst. Der von ihm im April 1714 abgeschlossene Friede von Rastatt war für Österreich weit günstiger als man in Wien erwartet hatte. Vollends aber mußte ihm die erste Stelle neben dem Monarchen zufallen, als er in den folgenden Jahren die erneut unruhig gewordenen Türken bei Peterwardein und Belgrad schlug und ihnen den Frieden von Passarowitz aufzwang. Seinem Feldherrntum, aber auch seiner politischen Entschlußkraft und seinem diplomatischen Verhandlungsgeschick hatte der Habsburger so den Gewinn von Mailand, Neapel, Brüssel und Belgrad zu danken. Der Kaiser hatte ihm 1715 die Würde des Generalstatthalters der nunmehr österreichisch gewordenen südlichen Niederlande übertragen, Eugens Sitz aber blieb nach Abschluß des Türkenkrieges Wien, wo er mit dem Präsidium des Hofkriegsrates den ständigen Vorsitz in der Geheimen Staatskonferenz verband und so als Premierminister gelten konnte. Daß ihm nunmehr die erste Stimme im Rate des Kaisers zugefallen war und er die große Politik dirigierte, haben denn auch die Gesandten der übrigen Mächte in Wien in jener Zeit angenommen, und Friedrich der Große hat später gemeint, der Prinz Eugen sei der Atlas der österreichischen Monarchie, der eigentliche Kaiser geworden [13].

II.

Hat er wirklich seit den großen, durch ihn erreichten Friedensschlüssen eine überragende Stelle als erster Staatsmann und eigentlicher politischer Führer Österreichs eingenommen? Zunächst muß festgestellt werden, daß er die Fragen der Innenpolitik zwar mit beraten, aber abgesehen von der Gestaltung der Dinge in dem ihm unterstellten Belgien während der Zeit seiner Statthalterschaft und abgesehen von der Sicherung der Aufbringung und Unterhaltung der Armee nicht entscheidend bestimmt hat. Wie stand es aber um die Leitung des Staates nach außen? Hat er den Kaiser, der ja doch letztlich zu bestimmen hatte und der eifersüchtig darüber wachte, alles zu sehen und zu dirigieren, beherrscht, hat er das oberste Ratskollegium, das, je nachdem es sich um Probleme des Kernstaates, des Reichs oder der neu erworbenen ehemals spanischen Lande handelte, verschieden zusammengesetzt war, diktatorisch gelenkt, und sind von ihm die Weisungen an die Diplomaten bei den anderen Mächten und Höfen und bei Kongressen ausgegangen, für deren Abfassung an sich die Hofkanzlei zuständig war? Nun, bestimmte Ereignisse und aller Welt bekanntwerdende Vorgänge in jenen Jahrzehnten zwischen 1715/16 und 1735/36, in denen der Prinz dem Rang und Auftreten nach unzweifelhaft der erste Minister des Kaiserstaates war, scheinen die Annahme eines außenpolitischen Dominats des Savoyers zu widerlegen. Es hat mehrfach krisenhafte Erschütterungen seiner Stellung gegeben, so schon im Sommer 1719, wo er sich gegen Intrigen höfischer und politischer Gegner schließlich freilich mit Erfolg zur Wehr setzte, so vor allem 1724, wo er sich dann in der Tat genötigt sah, die Generalstatthalterschaft in den Niederlanden auf Grund der sich dort ausbreitenden Unzufriedenheit mit dem Regiment seines Stellvertreters und der indirekt ihn selbst treffenden Vorwürfe aus der Umgebung des Kaisers niederzulegen. Es ist aber unzweifelhaft damals auch zu Entscheidungen in der großen Politik gekommen, an denen er nicht beteiligt war, ja die er wohl nicht billigte, wie die Errichtung der Handelskompagnie in Ostende, die zu heftigen Auseinandersetzungen mit den Seemächten führte, und die daraufhin erfolgende überraschende Verständigung des Kaisers mit dem bourbonischen Spanien. Und wenn man nun Einblick in eine zweifellos sehr wichtige Quellengruppe, in die Berichte der in Wien eingesetzten fremden Diplomaten, vor allem der Vertreter Frankreichs und Englands, nimmt, so enthalten sie nicht nur häufig die Behauptung, daß Kaiser Karl und Prinz Eugen sich im Grunde nicht liebten und daß der Prinz zwar keine ehrkränkende Zurücksetzung sich bieten lasse, aber bei

Meinungsverschiedenheiten nicht auf seinen Vorschlägen bestand, sondern die Franzosen du Luc und du Bourg ebenso wie der zum englischen Bevollmächtigten in Wien gewordene Schweizer Saint Saphorin klagten gar verschiedentlich über sein geringes Interesse an den Geschäften und über seinen Mangel an politischer Aktivität, ja sie wollten bei ihm einen großen Hang zu einem ruhigen Leben und zu politischer Resignation feststellen [14]. War es nicht doch so, daß jene spanischen Emigranten, die sich bis zu dessen frühem Tode im Jahre 1722 auf Karls besonderen Favoriten Graf Althan stützen konnten, stärker die Politik bestimmten als er und daß der zeitweise sich mit ihnen eng zusammenschließende Hofkanzler Sinzendorf die diplomatischen Aktionen leitete?

Es war so und es war doch auch wieder nicht so. Für die Erhellung der Zusammenhänge sind gewiß jene Relationen der Vertreter anderer Mächte und Staaten am Kaiserhof von nicht geringem Wert. Aufschlußreicher dafür sind aber die Geheimakten des Wiener Hofes selbst. Zwar sind aus den Protokollen der sich in jenen Jahrzehnten bei dem Prinzen oder – in besonders wichtigen Fällen – bei dem Kaiser persönlich versammelnden Geheimen Konferenz und aus den auf Grund ihrer Beschlüsse von den besonders dazu bestellten Referendaren aufgesetzten Referaten die Machtverteilung in der Zentrale und der Einfluß dieses oder jenes Ministers nicht leicht zu erkennen, und die Bestände der diplomatischen Korrespondenz von Hof- und Reichskanzlei scheinen dann den Hofkanzler oder – für das Reich – den Reichsvizekanzler als die Organe der kaiserlichen Außenpolitik zu erweisen, von denen die Weisungen ausgingen und über die von den Außenstellen die Relationen der Gesandten an den Kaiser liefen [15]. Man trifft indessen in dem umfangreichen, zu einem großen Teil bisher nicht ausgewerteten Material, das sich im Wiener Haus-, Hof- und Staatsarchiv befindet, auf andere Quellen, die offenbar aus einem besonderen politischen Archiv des Prinzen Eugen stammen und die zum mindesten jene These von einer Interesselosigkeit oder Resignation des Savoyers widerlegen. Da stoßen wir einmal auf Hunderte von eigenhändigen Schreiben und Billetts des Kaisers an den Prinzen: er hatte nebenbei bemerkt durchaus recht, sich bei Eugen mehrfach dafür zu entschuldigen, daß er ihn ständig mit seiner üblen Schrift plage, denn auch der geschulte Historiker von heute kann mitunter bei der Entzifferung in Verzweiflung geraten [16]. Hier gibt es nicht nur überschwengliche Bekundungen der Sorge des Monarchen um die Gesundheit seines ersten Paladins und ständige Versicherungen seiner Dankbarkeit und seines vollen Vertrauens [17], sondern diese Briefe zeigen auch, daß Kaiser und Prinz in einem fast ununterbrochenen Gedankenaustausch über die politischen Vorgänge und die zu ergreifenden Maßnahmen standen und daß hierbei Erwägungen angestellt und Beschlüsse gefaßt wurden, von denen zunächst wenigstens die übrigen Mitglieder der Konferenz, insbesondere der Hofkanzler, nichts erfahren sollten. Wenn sich schon hieraus weiter ergibt, daß Eugen eine ausgedehnte eigene geheime diplomatische Korrespondenz führte, die neben dem sogenannten Ordinariweg herlief und von deren Existenz außer den Beteiligten nur der Kaiser wußte, so wird dies durch erhaltene Bestände dieser Korrespondenz selbst bestätigt. Da begegnen uns einmal – in der Abteilung Belgien des Wiener Archivs – sechs große Folianten, die eine Art Kopialbuch Eugens mit von ihm ausgegangenen Schreiben in der Zeit vom Juli 1716 bis zum Juni 1723 darstellen, enthaltend die Abschriften von Briefen an seinen Stellvertreter in Brüssel, den Marquis de Prié, den dortigen Staatssekretär Mac Neny und andere Beamte und Vertrauensleute in den Niederlanden, aber auch an Politiker, Generale und Diplomaten aus dem eigenen wie aus anderen Lagern [18]. Für die Politik des Generalstatthalters in Belgien und die dortigen Vorgänge, die sich oft auf das engste mit den internationalen Verhandlungen verknüpften, wird dies Material ergänzt und über den Juni 1723 fortgesetzt durch eine Reihe von Faszikeln mit den Originalberichten Priés, Mac Nenys und des belgischen Generalpostmeisters Jaupain sowie den Entwürfen der Weisungen Eugens an sie. Wenn der Prinz die geheime Korrespondenz mit Mac Neny und Jaupain zum Zweck seiner politischen Information auch noch nach seinem Rücktritt von dem belgischen Gouverneursposten weitergeführt hat, so beginnen zugleich gerade seit diesem Zeitpunkt, also seit 1724/25, andere Quellen zu fließen, die im Wiener Archiv bezeichnenderweise einen Hauptteil der „Große Korrespondenz“ benannten Abteilung bilden [19]. Schon vom Jahre 1716 an ist der private politische Briefwechsel mit einem dem österreichischen Heer und Hof eng verbundenen und oft mit Geheimaufträgen betrauten deutschen Fürsten, dem Herzog Ferdinand Albrecht von Braunschweig-Bevern, späteren Herzog von Braunschweig-Wolfenbüttel und Schwiegervater Friedrichs des Großen, erhalten [20]. Von 1725 bis zu seinem frühen Tode im September 1727 läuft der Gedankenaustausch Eugens mit dem Grafen Rabutin, der nach kurzem Gastspiel in Berlin den Kaiser in St. Petersburg vertrat [21]. Am preußischen Hofe war Graf Seckendorff an seine Stelle getreten: hier liegen in seltener Vollständigkeit in rund 40 umfänglichen Bänden sowohl seine an Eugen persönlich gerichteten geheimen Relationen mit zahlreichen Anlagen als auch die irgendwann aus seinem Nachlaß nach Wien gelangten Schreiben Eugens

Graf Friedrich Harrach

Zeitgenössischer Stich

Graf Philipp Joseph Kinsky
Nach einem Stich von Josef Mörl

an ihn, also Originale und Entwürfe bzw. Abschriften von beiden Seiten vor, eine ganz unschätzbare Quelle für die österreichische, preußische und europäische Geschichte des Jahrzehnts von 1726 bis 1736 [22]. Das gleiche gilt für die Korrespondenz des Prinzen mit dem Grafen Königsegg, der während des Zusammengehens Österreichs mit Spanien in den Jahren 1726 bis 1729 als kaiserlicher Botschafter in Madrid war, und mit dem Grafen Philippi in Turin von 1731 bis 1733: auch hier sind die Ausgänge wieder nach Wien zurückgelangt [23]. Und ebenso sind im Falle des von 1729 bis 1732 am Regensburger Reichstag stationierten Grafen Harrach Originale und Entwürfe von beiden Seiten zugänglich, in diesem Falle die von Eugen ausgegangenen Weisungen in dem besonderen Familienarchiv der Harrach in Wien [24]. Wenigstens die Berichte an den Prinzen sind im Original vorhanden von dem 1729 nach Paris entsandten Grafen Stephan Kinsky, von seinem Bruder Philipp aus London seit 1728, von Rabutins Nachfolger in St. Petersburg, Wratislaw, von Graf Wilczek aus Warschau seit 1729 und von dem in der Schweiz akkreditierten Graf Reichenstein seit 1726 [25].

Der persönliche und geheime Charakter dieser gesamten Verbindungen geht eindeutig hervor aus den in den Weisungen immer wiederkehrenden Mahnungen zu strenger Geheimhaltung dieses Sonderwegs und aus den Zusicherungen Eugens, daß von den über ihn einlaufenden Nachrichten nur der Kaiser unterrichtet werde. Zum Beleg nur einige wenige charakteristische Stellen, die zugleich schon Hinweise auf Inhalt und Bedeutung dieses Strangs politisch-diplomatischer Aktion geben. Königsegg war zu Beginn seiner Mission von Eugen gebeten worden, Berichte über die spanische Königsfamilie betreffende „Partikularitäten“ und über geheime Mittel zur Einwirkung auf die spanische Politik nur dem Prinzen zukommen zu lassen. „Eure Exzellenz“, so setzte er der Mitteilung über Empfang und Weitergabe eines solchen vertraulichen Berichts an den Kaiser hinzu, „können fortfahren, mir separat die Umstände und Materien anzuvertrauen, die Sie zur geheimen Information Seiner Majestät durch mich für notwendig halten, und Sie dürfen überzeugt sein, daß ich davon nur den zum Dienst des Herrn und zum Vorteil Eurer Exzellenz dienenden Gebrauch machen werde.“ Hatte er zunächst derartige Konfidenzen wenigstens alle 14 Tage erwartet, so hat er den Botschafter später angewiesen, regelmäßig seine über die Hofkanzlei laufenden Relationen durch Sonderbriefe zu ergänzen, in denen er sich über die geheimsten Dinge mit voller persönlicher Freiheit eröffnen könne [26]. Seckendorff ist verschiedentlich belehrt worden, was er in den für die Konferenz bestimmten „ostensibeln“ Schreiben anzuführen und was er dem Geheimweg vorzubehalten hatte. Andererseits wurde ihm etwa am 27. Januar 1732 von dem Prinzen mitgeteilt, daß er hinsichtlich einer bestimmten diplomatischen Handlung demnächst drei Instruktionen erhalten werde, eine durch die Hofkanzlei gemäß den Beschlüssen der Konferenz, eine durch Eugen über das, was dieser auf Wunsch des Kaisers mit dem damals weit mehr als Sinzendorf in die „Arcana" eingeweihten Minister Starhemberg verabredet hatte, und endlich eine ganz geheime dritte „über die mir in particulari überreichten Punkte". Seckendorff hat darauf dem persönlichen Brief an den Prinzen die für die Hofkanzlei und Konferenz bestimmte Relation in doppelter, unterschiedlicher Fassung beigefügt, wobei er es Eugen anheimstellte, welche von beiden er bei den anderen Ministern zirkulieren lassen wollte, und ihn um Weisung bat, „ob und was ich weiter über diese Materie durch den ordentlichen Weg zu berichten haben möchte" [27]. Als Harrach seiner Besorgnis vor dem Unwillen Sinzendorfs Ausdruck gab, falls etwas von dem geheimen Kanal durchsickerte, verbürgte sich der Prinz dafür, daß außer dem Kaiser von den durch den Gesandten ihm mitgeteilten Partikularitäten, bei denen es um die Gewinnung von Minister bestimmter Reichsfürsten und um die Eröffnung geheimer Nachrichtenquellen ging, niemand etwas erfahren werde, und er hat ihm angesichts des Auftretens eines anderen kaiserlichen Diplomaten in seinem Verhandlungsbereich – es handelte sich um den Grafen Kufstein, der offenbar nicht zum engeren Kreis um den Savoyer gehörte – versichert, daß bei ihm, Harrach, allein das eigentliche „Secretum" liege [28]. Auch Philipp Kinsky in London wurde immer wieder ermahnt, zwar das Nötige über seine Verhandlungen mit den Engländern in seinen Hauptrelationen auszubreiten, dagegen die geheimsten Partikularitäten, die nur Seine Majestät und Eugen bekannt werden und nicht in die Konferenz dringen dürften, den vertraulichen Briefen vorzubehalten [29]. Wir können auch feststellen, daß der Prinz Sorge trug, dieser Geheimkorrespondenz nicht nur durch Verwendung einer besonderen Chiffre erhöhten Schutz zu geben, sondern überhaupt sie vor unbefugten Einblicken, die durch Unachtsamkeit oder mangelnde Anweisung der Kuriere ermöglicht werden konnten, zu sichern und trotzdem eingetretene Pannen mit Hilfe des Kaisers durch geschickte Manipulationen und Mystifikationen zu beseitigen [30].

III.

Damit gelangen wir zu einem Problem, das noch geklärt werden muß, bevor wir uns Inhalt und Ergebnissen der Geheimdiplomatie des Prinzen Eugen zuwenden, nämlich der Frage ihrer technischen Voraussetzungen und Durchführung. Wie ist es dem Prinzen bei seinen vielfältigen anderweitigen Pflichten und Beschäftigungen überhaupt möglich gewesen, so umfangreiche Korrespondenzen zu führen? Was für ein Ausmaß sie besaßen, kann man an den Ausgängen irgendeines Monats bemessen, z. B. des Februar 1729, in dem z. T. seitenlange, meist chiffrierte Weisungen am 5. an Seckendorff und an Königsegg, am 8. an Philipp Kinsky, am 11. an Harrach, am 16. an Seckendorff, am 19. an Seckendorff und Königsegg und am 23. an den Herzog von Bevern, Kinsky und Seckendorff ausliefen. Wenn bei dem Briefwechsel mit Königsegg und den Kinskys die dem Savoyer geläufige französische Sprache verwandt wurde, so fand im übrigen der Gedankenaustausch durchweg in deutscher Sprache statt, in der Eugen nach seinem eigenen Geständnis „zu schreiben nicht versiert war" [31]. Dementsprechend kann denn auch keine Rede davon sein, daß er die Briefe geschrieben hat, vielmehr hat er nur die Unterschrift Eugène de Savoye oder Eugenio von Savoy daruntergesetzt. Ja, es ist auch nicht anzunehmen, daß er die Weisungen im Wortlaut diktiert hat. Selbst hat er im März 1724 einmal Mac Neny gegenüber seine Arbeitsweise als Vorbild für den ihm manche Sorge bereitenden Prié, seinen Stellvertreter in Brüssel, hingestellt: man müsse einem anderen die Abfassung der Schreiben überlassen und sich damit begnügen, ihm seine Gedanken mitzuteilen und dann den Entwurf zu revidieren; solange der Marquis es sich nicht abgewöhnen könne, persönlich die Berichte zu schreiben, könnten die Affären unmöglich mit der nötigen Schnelligkeit erledigt werden [32]. Mit anderen Worten: Voraussetzung auch für seine Geheimdiplomatie war das Vorhandensein wenigstens eines ihm für sie zur Verfügung stehenden Mannes, der nicht nur abzuschreiben, zu chiffrieren und zu dechiffrieren verstand, sondern der auch die Berichte der Gesandten und sonstiger Korrespondenten ihm vortragen und die Antworten an sie formulieren konnte.

Freilich gab es damit einen Mitwisser mehr, und wenn von Eugen persönlich eine französische Denkschrift aus dem März 1719 behauptete, daß sein Geheimnis undurchdringlich, ja daß seine hervorstechendste Eigenschaft Verschlossenheit und Verstellung sei, die er auch den besten Freunden gegenüber zeige [33], so konnte die Heranziehung eines dritten die Geheimhaltung gefährden. Es scheint in der Tat jeweils nur ein Sekretär gewesen zu sein, dessen er sich bediente. Mehrfach hat er seinen diplomatischen Vertrauensleuten und durch sie den von ihnen gewonnenen fremden Ministern und Agenten versichert, daß außer dem Kaiser nur ein Geheimsekretär eingeweiht sei, auf dessen Treue und Verschwiegenheit er sich unbedingt verlassen könne.

War dies wirklich der Fall? Einiges ließ sich über diese subalternen Vertrauten des Prinzen feststellen, von denen böse Zungen übrigens mitunter behaupteten, daß sie wohl gar in Verbindung mit der ihm befreundeten Gräfin Batthyani einen unziemlichen Einfluß auf ihn ausübten [34]. Da war während des spanischen Erbfolgekrieges der Feldkriegssekretär Johann Michael Langetl Geheimschreiber des Feldherrn und zugleich sein Mittelsmann zu Personen des militärischen und auch politischen Nachrichtendienstes, der seinen Chef auch noch 1714 nach Rastatt begleitete, seitdem jedoch in den erhaltenen Briefen und Akten nicht mehr begegnet [35]. In den Papieren des französischen Kriegsministeriums aus den letzten Jahren des Krieges, aus denen sich einwandfrei der Verrat des aus der Schweiz stammenden kaiserlichen Generals Hieronymus von Erlach ergibt, taucht auch der Name Langetls auf: er hat danach während der Jahre 1711 bis 1713 den Franzosen geheime Informationen über Bewegungen und Absichten Eugens zukommen lassen [36]. Freilich traute man ihm in Paris nicht recht, und es bleibt die Möglichkeit, daß er im Auftrage seines Herrn handelte und die Gegner irre zu führen suchte. Nach einem aus späterer Zeit stammenden Bericht des Staatssekretärs Bartenstein – er wird uns noch begegnen – soll sich der Prinz dann 1716 in dem Briefwechsel mit seinem von ihm zu geheimen Verhandlungen nach Paris entsandten Generaladjutanten Baron Hohendorff – leider ist davon nichts erhalten geblieben – des Hofkriegsrats und Referendars Campmiller bedient haben, der aber nach Bartensteins Urteil „in einer so häklichen Handlung die Feder zu führen nicht geschickt genug war" [37]. Jedenfalls kann er nur kurze Zeit oder nur aushilfsweise für die geheime Korrespondenz verwandt worden sein. Sie ist spätestens seit dem gleichen Jahre 1716 von Wilhelm Brockhausen geführt worden, der bereits 1708 von Eugen „in Ansehung seiner Kapazität und etliche Jahre her bezeugten besonderen Fleiß und Eifers" zur Anstellung als Feldkriegssekretär vorgeschlagen worden war [38]. Daß auf ihn jene große Abschriftensammlung der Jahre 1716 bis 1723 zurückzuführen ist und er auch die tatsächlichen Ausgänge geschrieben hat, geht aus Hinweisen im Inhalt dieser Schreiben mit Sicherheit hervor, vor allem auch aus einigen in dem Kopialbuch gleichfalls wiedergegebenen, von ihm selbst unterfertigten Briefen, etwa an den damals in Paris verhandelnden Grafen Königsegg, in denen er sich auf die Ermächtigung des auf Jagden befindlichen Prinzen beruft, die während dessen Abwesenheit einlaufende Post zu öffnen und in dringlichen Fällen zu beantworten [39]. Auch seine Zuverlässigkeit ist nicht über jeden Zweifel erhaben. Zwar wird man auf Behauptungen des berüchtigten Schwindlers und Fälschers Klement gegenüber den Franzosen von seinen engen Beziehungen zu dem Ehepaar Brockhausen und dadurch möglicher Entdeckung von Geheimnissen nicht viel geben können [40]. Aus einer Untersuchung, die Eugen selbst, offenbar entrüstet über Anwürfe gegen seinen Vertrauten, im September 1716 anordnete, weil „durch malitiöse und ehrenrührige Leute in Wien ausgesprengt worden", daß Brockhausen verdächtige Korrespondenzen mit den Türken geführt habe, ist er sicher gerechtfertigt hervorgegangen [41]. Etwas bedenklich stimmen immerhin einige Bemerkungen Saint Saphorins in seinen Berichten nach London: im Februar 1719 meint er, man müsse mindestens 1000 Golddukaten aufwenden, um Brockhausen richtig zu dirigieren [42], und im Januar 1723 bezeichnet er ihn als einen Freund Englands, wozu er auch allen Grund habe [43]. In diesem letzten Bericht findet sich übrigens die Mitteilung, daß Brockhausen, ohne seinen Posten als Sekretär des Prinzen aufzugeben, Referendar für Ungarn geworden sei. Er begegnet noch einmal in einer französischen Denkschrift über den kaiserlichen Hof aus dem März 1725, in der die Möglichkeit, durch ihn Zugang zu dem Savoyer zu gewinnen, erwähnt wird [44]. Jedenfalls erscheint aber von dem gleichen Jahre 1725 an ein anderer in der Vertrauensstellung als Eugens Geheimsekretär, die er bis zu dessen Tode beibehielt, und hier wird man sagen können, daß der Prinz eine bessere Wahl nicht hätte treffen können.

Ignaz Koch war um 1697 als Sohn eines aus Westfalen nach Österreich gekommenen Mannes geboren, der, in Eugens persönliche Dienste getreten, zum Verwalter seines Vermögens und seiner Güter geworden war [45]. Der junge Koch begegnet uns zuerst in den belgischen Korrespondenzen des Prinzen aus dem Jahre 1718 als Überbringer von Briefen in die Niederlande [46]. 1720 bei der Hofkanzlei eingestellt, muß er bald in den Hofkriegsrat eingerückt sein. In einem Brief an Mac Neny in Brüssel vom 11. April 1725 entschuldigt der Prinz sein längeres Schweigen damit, daß der Sekretär Koch erkrankt sei und er keinen anderen mit dieser Korrespondenz betrauen wolle [47]. Noch einmal scheint ihn Eugen im Sommer 1726 anderwärtig verwendet zu haben, indem er ihn persönlich mit der Durchführung einer geheimen Mission nach England betraute: ein ausführlicher Bericht Kochs über diese abenteuerliche Reise hat sich erhalten [48]. Seit seiner Rückkehr dürfte er, wenigstens für längere Zeit, nicht mehr von der Seite seines Herrn gewichen sein, hat er alle jene Korrespondenzen mit Königsegg, Seckendorff, Harrach, den Kinskys usw. geführt, eine wahrhaftig gewaltige Leistung, hat er darüber hinaus, vor allem in den letzten Jahren, da Eugens Spannkraft nachließ, ihm die Unterlagen für alle Besprechungen und Sitzungen geliefert und ihn beraten. Unter den Prinz-Eugen-Akten der Großen Korrespondenz des Wiener Archivs liegt ein großer Stapel von leider meist undatierten Niederschriften Kochs, gekennzeichnet als Notaten und Extrakte für den Prinzen „zum Behuf seiner Unterredungen mit dem Kaiser oder für die Konferenzen“ [49]. Weit häufiger als vorher Brockhausen, hat er bei Abwesenheit seines Chefs persönlich den Diplomaten dessen Meinung übermittelt, so etwa Seckendorff am 6. Februar, 14. März, 2. und 23. Juni 1731 [50]. Andererseits gab es ärgerliche, von Eugen jeweils sehr beklagte Unterbrechungen der geheimen Weisungen an die Diplomaten, wenn Koch, was z. B. im November/Dezember 1729 und im August/September 1730 eintrat, unpäßlich war, da der Prinz, wie er an Seckendorff schrieb, „einem anderen das Geheimnis anzuvertrauen nicht für anständig erachtete“ [51]. Unter jenen Notaten haben sich auch einige Briefe Kochs an den Prinzen, z. T. mit dessen als Marginal an den Rand geschriebenen Antworten, erhalten, die eine deutliche Vorstellung von der engen Zusammenarbeit der beiden Männer geben. Da berichtet der Sekretär am 14. Oktober 1731 über Warnungen des vor seiner Abreise nach Turin stehenden und auf rasche Abfertigung drängenden Grafen Philippi vor Intrigen des alten abgedankten Königs von Sardinien mit Frankreich und Spanien, und er knüpft selbst auf Grund geheimer, durch Seckendorff eingesandter Nachrichten aus Preußen und Polen die Folgerung daran, daß die gegnerischen Kreise möglicherweise von Piemont aus einen Krieg beginnen lassen wollten: « J'approuve cette idée », steht am Rand in Eugens charakteristischer großer Handschrift, « dites à Philippi d'en parler d'abord à l'Empereur de ma part pourqu'on puisse donner les ordres et qu'il presse fort son départ. Vous pouvez le dire à l'Empereur et qu'il est assurément nécessaire qu'il parte incessamment. » In diesen Worten zeigt sich, daß Koch unmittelbaren Zutritt zum Kaiser hatte, der ihn auch in seinen Billetts an den Prinzen erwähnt: er überlasse es, so heißt es da einmal, Eugens Gutfinden, ob er eine bestimmte Sache in der Konferenz überlegen oder darüber, was er, der Kaiser, für besser, ratsamer und geschwinder halte, durch den Koch dem Kinsky zuschreiben lassen wolle [52]. Noch ein weiteres Beispiel: am 17. Juni 1733 teilt Koch dem Prinzen mit, daß er gemäß der ihm durch Eugens Großneffen überbrachten Weisung die beiden Briefe an den preußischen König und an Seckendorff zu Papier gebracht habe; der an Seckendorff auf Drängen des englischen Gesandten Robinson geschickte Kurier – er hatte die unglückselige Weisung nach Berlin gebracht, die bis dahin von Wien energisch betriebene Heirat des Kronprinzen Friedrich mit der Prinzessin von Bevern in letzter Minute zu verhindern – sei noch nicht zurück, doch habe er, Koch, aus der Umgebung der mit der Braut nahe verwandten Kaiserin erfahren, daß dort aus Wolfenbüttel die Nachricht von der Festsetzung der Hochzeit auf den vergangenen Freitag, also von dem Fehlschlag jenes Auftrags an Seckendorff, eingetroffen sei [53]. Am folgenden Tag berichtet Koch dann dem Prinzen, daß am Morgen Seckendorffs Kurier mit einem in der Form liebenswürdigen, in der Sache aber entschieden ablehnenden Schreiben des preußischen Königs angekommen sei; er habe es dem Minister Starhemberg zugesandt, der meine, man solle eine Kopie des jenes Ansinnen enthaltenden Schreibens Eugens an den König und einen Extrakt von dessen Antwort Robinson übergeben – welchen Vorschlag der Prinz in einem Marginal guthieß, es Koch überlassend, ob er selbst zu dem Engländer gehen oder Starhemberg darum bitten wolle [54]. Kein Zweifel, daß im Fall Koch die häufigen Beteuerungen Eugens über seine Treue, Zuverlässigkeit und Verschwiegenheit voll berechtigt waren. Ignaz von Koch ist später der treue und unentbehrliche Kabinettssekretär Maria Theresias geworden; sie hat ihm, den der preußische Gesandte Podewils in einem Bericht an seinen König aus dem August 1747 als einen geistvollen und scharfsinnigen, vor allem aber ehrenhaften, unbestechlichen und absolut verlässigen Mann charakterisierte, ihr volles Vertrauen geschenkt und den Tod dieses treuen Dieners am 18. Februar 1763 bitter beklagt. So stellt er neben dem Grafen Tarouca, dem letzten Freund des Prinzen Eugen und Mentor Maria Theresias, gewissermaßen die Brücke zwischen dem Savoyer und der Kaiserin-Königin dar [55].

Fähigkeit und Zuverlässigkeit wird man im allgemeinen dann aber auch jenen anderen Instrumenten von Eugens Geheimdiplomatie zuerkennen, den Gesandten, die Last und Gefahren der doppelten Berichterstattung auf sich nahmen. Von den meisten können wir feststellen, daß sie dem Prinzen ihren Aufstieg und ihre Ernennung verdankten, so von Seckendorff, von Friedrich Harrach, der ihn einmal als seinen einzigen und mächtigen Protektor bezeichnete [56], auch von Philipp Kinsky, von dem Eugen dem Herzog von Bevern schrieb, daß er ohne ihn seinen diplomatischen Posten nicht erhalten habe [57]. Zum Teil waren es bezeichnenderweise Waffengefährten des großen Kapitäns, wie Königsegg, der später Feldmarschall und nach Eugens Tod sein Nachfolger als Hofkriegsratspräsident wurde, Seckendorff, der nach Bewährung in holländischen, ansbachischen und sächsischen Kriegsdiensten 1717 von Eugen in die kaiserliche Armee gezogen wurde, Rabutin, der es zum Generalfeldwachtmeister gebracht hatte, auch der Herzog von Bevern und Philippi, der übrigens dem Prinzen persönlich von Jugend an anscheinend verbunden gewesen ist [58]. In der Mehrzahl sind es hochstehende, fähige Menschen gewesen, so Königsegg, dessen integre, dabei weltmännisch gewandte und liebenswürdige Persönlichkeit allgemeine Achtung genoß [59], so der Herzog von Bevern, den selbst sein sarkastischer preußischer Schwiegersohn als den bravsten Menschen von der Welt bezeichnet hat [60], so Friedrich Harrach, den später als Minister Maria Theresias der Franzose Blondel und der Preuße Podewils gleichmäßig als unbestechlich, gerecht, gewandt und hochbefähigt, Podewils gar als unstreitig den aufgeklärtesten aller österreichischen Minister hinstellten [61]. Seckendorff, später wegen militärischen Versagens im Türkenkrieg verurteilt und schließlich nach seinem Übertritt in die Dienste des wittelsbachischen Kaisers Karl VII. als Befehlshaber von dessen gegen Maria Theresia kämpfenden Truppen wenig glücklich, war auch als Mensch eine umstrittene, zwielichtige Persönlichkeit; daß aber der von dem biederen König Friedrich Wilhelm I. lange Zeit geliebte, von dem Kronprinzen und seiner Schwester Wilhelmine um so heftiger als der Hexenmeister am preußischen Hof gehaßte Mann als Diplomat bedeutende Fähigkeiten besaß, beweisen die unbestreitbaren Erfolge, die er errang, und vor allem auch die erstaunlich umfassenden und schon rein arbeitsmäßig unglaublichen Korrespondenzen, die er eröffnete, bewältigte und dem Prinzen vorlegte oder in ungemein aufschlußreichen Berichten verbreitete [62]. Am wenigsten paßt wohl in diesen Kreis Graf Philipp Kinsky, von dem ein französischer Diplomat behauptete, daß er seine Verwendung nur der Gunst Eugens oder vielmehr der Gräfin Batthyani, der Schwiegermutter seiner Schwester, verdankte, dem übrigens ein Zusammenstoß mit Seckendorff einen Tadel seines Gönners eintrug – wobei freilich Eugen zugleich beschwichtigend an Seckendorff schrieb, Kinsky sei doch ein guter, wenn auch noch sehr junger Mann – und dem später, als er oberster böhmischer Kanzler geworden war, nicht nur Podewils Hochmut, Heftigkeit und Eigensinn attestierte, sondern auch Maria Theresia „Vehemenz" und „Passiones" vorwarf [63]. Dagegen scheint mit dem frühen Tod des Grafen Rabutin dem Savoyer ein besonders befähigter Diplomat verlorengegangen zu sein [64].

IV.

Doch wenden wir uns nun dem von Eugen gesteuerten Wirken dieser Männer und dem Ergebnis ihrer Tätigkeit zu. Vielfach ausführlicher und auch schärfer und eindeutiger ihre Meinung und Vorschläge formulierend als in den ordentlichen Relationen, haben sie in den Briefen an den Prinzen die politische Lage und die laufenden Verhandlungen analysiert, wie umgekehrt Eugen sie über die allgemeine Situation, ihre Möglichkeiten und Gefahren und die Absichten des Kaisers genauer unterrichtete, als dies wohl in den Weisungen der Hofkanzlei oder Reichskanzlei geschah. Diesem geheimen Weg aber waren, wie wir bereits sahen, vor allem die „Partikularitäten" vorbehalten, d. h. alles, was streng geheim bleiben mußte, wie Bemühungen um die Verpflichtung bestimmter Persönlichkeiten fremder Höfe, angefangen von den höchsten Würdenträgern bis herab zu Schreibern und Kammerdienern, um damit Einfluß auf oder wenigstens Einblick in die Politik der anderen zu gewinnen, weiter Feststellung und Mitteilung auch privater Schwächen wichtiger Geheimnisträger, insbesondere auch der Fürsten und ihrer Angehörigen, und die Anlage eines möglichst ausgedehnten Nachrichtennetzes.

Gerade im 18. Jahrhundert ist dies System von Korruption, Spionage, Verrat zu einer wahren Kunst entwickelt worden – wobei übrigens die Beteiligten keineswegs der moralischen Verurteilung und, bei Entdeckung, der strengen Bestrafung verfielen, wie dies heute wohl der Fall sein würde. Seine Ausweitung und Bedeutung lassen sich in dem Fall, mit dem wir uns hier beschäftigen, überzeugend nachweisen.

Schon damals ist die Möglichkeit, mit Hilfe geheimer Postüberwachung die Geheimnisse der fremden Gesandten und ihrer Auftraggeber auszuspähen, allenthalben genutzt worden, und auch in Wien haben die berüchtigten Postlogen und das geheime Ziffernkabinett aus der Zeit des Wiener Kongresses ein Jahrhundert zuvor ihre Vorläufer gehabt [65]. In den Schreiben des Kaisers an Prinz Eugen ist häufig von Interzepten die Rede, d. h. von aufgehaltenen und erst nach Entzifferung und Abschrift an die Adressaten weitergeleiteten Diplomatenkorrespondenzen [66]. Aber wichtiger war der Einbruch in die Geheimnisse der verschiedenen Höfe Europas bei diesen selbst, und gerade in dieser Beziehung hatte die von Eugen organisierte und geleitete Geheimdiplomatie ganz erstaunliche Erfolge aufzuweisen. Aus der Fülle des hierfür vorliegenden Quellenmaterials soll hier nur einiges herausgehoben werden.

Wir wollen uns zunächst dem Wirken Seckendorffs in Berlin zuwenden, das sich, wie wir sehen werden, keineswegs auf Preußen beschränkte, sondern auch Vorstöße in andere deutsche und europäische Staaten einschloß. Ein Mann so recht nach dem Geschmack König Friedrich Wilhelm I., alter Soldat, großer Zecher und Raucher, für Schabernack ebenso zu haben wie für ernste Gespräche, dazu Protestant und, wie es schien, geleitet von deutschem Patriotismus und der Sorge für das Reich und die Einigkeit seiner Glieder, hat sich Seckendorff, der mit großem Geschick seine diplomatischen Schachzüge hinter derber Offenherzigkeit zu verhüllen wußte, in einer merkwürdigen Tafelrunde um den preußischen König festzusetzen gewußt, die von diesem bei seinem Besuch in Dresden in den Karnevalstagen des Jahres 1728 zusammen mit dem sächsischen Kurfürsten und polnischen König August dem Starken als „Société des Antisobres", also Gesellschaft der Mäßigkeitsgegner, begründet worden war [67]. War der Wettiner „le Patron" und der Hohenzoller „le Compatron", so hatte man dem kaiserlichen Gesandten den bezeichnenden Namen „Germania" beigelegt. Und da gab es nun zwei weitere Genossen dieses merkwürdigen Vereins, „Biberius" nannte man den einen, „le Diable" den anderen, der eine war preußischer, der andere sächsischer Minister; sie aber wurden nicht nur enge Freunde Seckendorffs, sondern auch von ihm gewonnene und angeleitete wichtige Figuren in der Geheimdiplomatie des Prinzen Eugen, der sich denn auch in seinem Briefwechsel mit Seckendorff nicht genug tun konnte in dem Lob dieser „ehrlichen" und wohlgesinnten, d. h. „für das kaiserliche Interesse portierten" Männer. Übrigens haben die drei verschworenen Zechbrüder in ihrem Gedankenaustausch auch für ihn, den bewunderten großen Helden in Wien, einen Geheimnamen verwandt, „le Noireau" oder „Heros di testa nera", womit wohl auf die schwarze Farbe seines Gesichtes oder seiner Haare angespielt wurde [68]. Wer waren nun jene beiden Herren, die in erster Linie Seckendorffs und dadurch auch des Savoyers großes Spiel im Norden Europas ermöglichten?

Als die Markgräfin Wilhelmine von Bayreuth, die ebenso wie ihr Bruder Friedrich in Seckendorff einen der Verantwortlichen für die Zerstörung ihrer Jugendpläne sah, im Jahre 1741 mit ihm nach langer Zeit wieder zusammengetroffen war, gab sie in einem Brief an Friedrich dem frommen Wunsche Ausdruck, daß, wenn ihn der Teufel nicht hole, den es ja nicht mehr geben solle, es vielleicht Grumbkows Geist tun werde [69]. Friedrich Wilhelm von Grumbkow – der Biberius der Mäßigkeitsgegner – auch ursprünglich Soldat, aber seit dem Regierungsantritt Friedrich Wilhelms I. als Wirklicher Geheimer Rat und Staatsminister einer der einflußreichsten Männer am Berliner Hofe [70], war die festeste Stütze Seckendorffs in Preußen. Den intelligenten und energischen Mann mochte in seinen politischen Ratschlägen an seinen königlichen Freund in erster Linie die Überzeugung leiten, daß das Zusammengehen mit Wien im preußischen Interesse liege, doch ist er gewiß durch die ihm von Seckendorff übermittelten Zahlungen von zunächst 1000 Dukaten, dann 6000 Gulden im Jahr und darüber hinaus durch einmalige Zuwendungen in der Bereitschaft bestärkt worden, den kaiserlichen Hof ständig über alle ihm bekanntwerdenden Vorgänge und Umtriebe in der königlichen Familie und in der Politik auf dem laufenden zu halten und ihm wichtige Korrespondenzen zuzuleiten [71]. Durch ihn wurden weitere Personen aus Hof und Diplomatie Preußens in den Kreis der kaiserlichen Agenten gezogen, so der königliche Kastellan und Kammerdiener Eversmann gegen eine Jahresrente von 100 Dukaten [72], so vor allem der 1731 mit Preußens Vertretung in London beauftragte Reichenbach, von dem Seckendorff urteilte, daß sein Verstand „zwar nicht von den raffiniertesten", er aber „hardi und intrigant" sei: er erhielt 600, später 900 Taler jährlich, die er auf Grund seiner den kaiserlichen Wünschen entsprechenden Berichterstattung wohl verdiente [73]. Wie er, so hat auch Grumbkow selbst in Wien an die feierliche Zusicherung voller Entschädigung und Versorgung für den Fall seiner Entlassung aus preußischen Diensten nicht zu erinnern brauchen, da er bis zu seinem Tode im Jahre 1739 sich Friedrich Wilhelms Gunst zu bewahren verstand.

Ihm ist es in dieser Beziehung besser ergangen als dem Dritten der Freunde aus der „Société des Antisobres", „le Diable", dem aus Pommern stammenden, aber in sächsisch-polnischen Diensten emporgekommenen Ernst Christoph von Manteuffel [74]. Ein vielseitig gebildeter, nicht nur politisch, sondern auch philosophisch und literarisch interessierter Mann, der später zeitweise zum geistigen Mentor des preußischen Kronprinzen werden konnte – von seinem pommerschen Lusthaus „Kummerfrey" hat Friedrich der Große wohl den Namen Sanssouci für seine berühmteste Bauschöpfung übernommer [75] –, war er, fast gleichzeitig wie Grumbkow in Berlin, in Dresden Minister geworden, hier konnte er als die rechte Hand von Augusts des Starken Feldmarschall und politischem Berater Flemming gelten, den er dann nach Flemmings Tode 1728 als Leiter der sächsisch-polnischen Außenpolitik zu beerben schien. Von vornherein ein entschlossener Parteigänger des Kaisers und ein ergebener Bewunderer des Prinzen Eugen [76], ist er indessen schon 1730 von einer mit Frankreich verbundenen Hofpartei gestürzt und zur Rückkehr in seine pommersche Heimat genötigt worden.

Wenn er seit 1728 als geheimer Verbündeter und Übermittler von „importanten“ Nachrichten von Seckendorff und dem Savoyer hoch geschätzt und mit dem gleichen Jahresgehalt wie Grumbkow belohnt wurde, so blieb er, nach Seckendorffs Urteil „einer der geschicktesten Männer, so nun in Deutschland leben“ [77], auch weiterhin auf Grund seiner ausgezeichneten Verbindungen ein wichtiges Instrument der Geheimdiplomatie des Prinzen. Wieder in Dresden und Warschau in Amt und Würden zu gelangen, ist ihm zwar trotz aller von kaiserlicher Seite unterstützten Bemühungen nicht gelungen, voll Geschäftigkeit aber lebte und webte er weiter in der großen Politik, betätigte er sich nicht nur als Späher und Berichterstatter, sondern auch als Anreger, dessen Hinweise und Vorschläge in Wien sehr ernst genommen wurden.

Die Ausbeute der Verbindung mit „Biberius“ und „le Diable“ war gewaltig: jahrelang hat Seckendorff fast jede Woche, z. T. auf besonders gesicherten Postwegen oder durch eigene Kuriere, ganze Pakete von durch Grumbkow und Manteuffel ihm gelieferten Konfidenzen an den Prinzen Eugen geschickt. Von Grumbkow erhielt er Abschriften nicht nur der Relationen der preußischen Vertreter in Paris, London und Den Haag, sondern auch seines eigenen Briefwechsels mit dem König und mit dem nach seinem mißglückten Fluchtversuch nach Küstrin verbannten Kronprinzen Friedrich. Von Manteuffel kamen Enthüllungen über die sächsisch-polnischen „Arcana“, Kopien seiner Korrespondenz mit alten Dresdener Freunden und Untergebenen wie dem Feldmarschall Wackerbarth und dem dann freilich auch ausgeschalteten und vom Wiener Hof als Reichshofrat übernommenen Geheimen Referendar Seydewitz [78], ferner mit dem damals vom Pagen zum höfischen Berater der Wettiner aufsteigenden Grafen Brühl, sowie die geheimen Berichte des polnischen Diplomaten Grafen Villio aus dem wichtigen europäischen Nachrichtenzentrum Venedig [79] und Agentenmeldungen aus St. Petersburg, Warschau und München, endlich jene eigenen Niederschriften und Gutachten über die Lage vor allem im nördlichen Europa. Durch Manteuffel ging kaiserliches Geld an Villio und an einen Agenten in Bayern mit Namen Schnurbein, der angeblich imstande war, die Geheimnisse des Münchener Hofes zu enthüllen [80]. Seckendorff selbst aber vermittelte – man dachte an die Zukunft – nach der äußerlichen Aussöhnung zwischen Friedrich Wilhelm I. und seinem ältesten Sohn und dessen Rückkehr von Küstrin geheime Zahlungen an den Kronprinzen Friedrich, da, wie Eugen meinte, seine damalige Bedürftigkeit die beste Gelegenheit zu seiner Gewinnung böte [81], während zugleich auch Geld für seine Lieblingsschwester, die Erbprinzessin von Bayreuth, bereitgestellt wurde, mit dessen Auszahlung der Prinz im Januar 1733 noch etwas zurückzuhalten befahl, bis man sehe, wie ihr Bruder sich weiter verhalte [82]; die bevorstehende Heirat des künftigen Königs mit der Prinzessin von Bevern führte außerdem zu Erwägungen, der zu ihrer Oberhofmeisterin bestimmten Frau von Katsch 1000 bis 1200 Gulden auszusetzen, um sie völlig in das kaiserliche Interesse zu ziehen [83]. Wenn das Trio der Mäßigkeitsgegner sich auch bemühte, in Rußland durch die bei der Zarin Anna angeblich wohlgelittene Frau des sächsischen Residenten Lefort – nach Manteuffels anerkennendem Urteil „eines der intrigantesten Weiber" [84] –, in Schweden durch den Grafen Klinkowström, in Dänemark durch die Brüder Plessen, in Hannover und England durch den für seine „guten Principia" bekannten General Diemar oder auch durch König Georgs II. Favoriten Laforet Fuß zu fassen und Einflußmöglichkeiten zu erschließen, so ist es schließlich Seckendorff noch gelungen, den bei König Friedrich Wilhelm in hohem Ansehen stehenden holländischen Gesandten in Berlin, Baron Ginckel, zur Hergabe von Extrakten holländischer Korrespondenzen zu veranlassen, bei deren Verwendung in Wien er um besondere Vorsicht bat, da ein Bekanntwerden „zu dieses so wohlgesinnten Mannes großer Verantwortung gereichen würde" [85]. Um nur ein Beispiel für den Strom von Konfidenzen zu geben, der in diesen Jahren so von Berlin aus Eugen zufloß, seien die Seckendorffs Bericht vom 13. September 1731 beigefügten Stücke genannt: 1. eine militärische Dinge betreffende Relation eines preußischen Hauptmanns an Grumbkow, 2. von des Kronprinzen Hofmarschall Wolden stammender Extrakt von des Königs Instruktion für Friedrich nach dessen Entlassung aus Küstrin – von Seckendorff als „curieus" charakterisiert –, 3. „Extrakt desjenigen, was bei einer Konferenz in Berlin vorgefallen", 4. Schreiben des jungen Brühl aus Warschau an Grumbkow, 5. Relation Manteuffels über eine Visite bei Friedrich Wilhelm I., 6. Bericht Villios aus Venedig, 7.–9. Berichte der preußischen Gesandten aus Den Haag und aus Paris.

Dieser breite Kanal hat sich mitunter mit einem anderen berührt, der von Harrach aus Regensburg eingerichtet wurde. Während z. B. Manteuffel einen gewissen Somery zu mysteriösen Zwecken an den Hof des in Kurköln und in vier weiteren geistlichen Fürstentümern regierenden Wittelsbacher Clemens August schickte, der – eine der natürlich nicht ausbleibenden Pannen – dort verhaftet wurde [86], hatte Harrach schon vorher über den kölnischen Gesandten am Reichstag, Friedrich Christian von Plettenberg, mit dessen Vetter Graf Ferdinand von Plettenberg, dem damals allmächtigen Minister des gleichen zum „Monsieur de Cinq Églises" gewordenen bayrischen Prinzen angeknüpft und ihn zu einer ähnlichen Rolle im Westen und Süden des Reiches zu bestimmen vermocht, wie sie Grumbkow und Manteuffel im Norden und Osten übernommen hatten [87]. Man hat längere Zeit in Wien den Anerbietungen des ehrgeizigen westfälischen Grafen, der um 1728 geradezu im Mittelpunkt der von Frankreich ermunterten wittelsbachischen Opposition gegen das Haus Habsburg gestanden hatte, mißtraut, ließ sich dann aber von ihrem Ernst überzeugen, als Plettenberg sich bereit fand, über Harrach dem Prinzen Eugen – und zwar, wie die beiden Vettern voll Sorge um die Wahrung des Geheimnisses immer wieder sich ausbedangen, ihm allein – die dem kölnischen Minister bekannt werdenden diplomatischen Geheimkorrespondenzen des gegnerischen Lagers zugänglich zu machen, so daß, wie Harrach bald mit Genugtuung feststellen zu können glaubte, sein Chef und damit der Kaiser „durch diese Leute das völlige System der wider den allerhöchsten Dienst inn- und außerhalb des Reichs angesponnenen Intrigen" erfuhren [88]. Plettenberg lieferte u. a. die Texte von früher geschlossenen und die Entwürfe für neue Verträge zwischen den damals in Bayern und Köln, Pfalz und Mainz regierenden Wittelsbachern [89] sowie Abschriften der Korrespondenzen zwischen ihnen, er gewährte Harrach Einblick in seinen eigenen Briefwechsel mit dem bayrischen Minister Törring und dem französischen Reichsbevollmächtigten Chavigny, die zunächst von seinem Frontwechsel nichts ahnten, und er stellte weiter dem kaiserlichen Gesandten die Relationen der bayerischen und kölnischen Vertreter in Paris und im Haag zur Verfügung. Natürlich war dies, wie vor allem auch sein politisches Handeln, von dessen Ergebnissen bald noch zu sprechen sein wird, einer hohen Belohnung wert, und so hat man ihn nach langwierigen Verhandlungen für den von ihm anfangs erstrebten Posten des Reichsvizekanzlers ein Äquivalent „in honorifico et utile", wie es in der Korrespondenz zwischen Eugen und Harrach immer wieder so schön heißt, in Gestalt des Ordens des Goldenen Vließes und vor allem der Übertragung der fürstlichen Herrschaft Kosel in Schlesien zugesichert. Selbstverständlich sind auch sein Vetter in Regensburg und seine auf ihn eingeschworenen Sekretäre nicht leer ausgegangen. Allen Beteiligten ist zugleich die Übernahme in kaiserliche Dienste für den Fall ihrer Entlassung in Kurköln in Aussicht gestellt worden, ein Versprechen, das auch in der Tat eingehalten wurde, als es – auch hiervon werden wir noch sprechen – am kurfürstlichen Hof zu Bonn zu einer Palastrevolution kam [90].

Seckendorff und Harrach waren wohl die erfolgreichsten Werkzeuge der Geheimdiplomatie des Wiener Belvedere. Wichtige Erfolge aber haben auch die anderen Vertrauten Eugens erzielt, doch wollen wir uns für sie mit kurzen Hinweisen begnügen. Der Herzog von Bevern, dessen Wunsch auf Versorgung seiner Kinder mit kaiserlichen Absichten in Preußen, Rußland und Hannover koordiniert wurde [91], hat nicht nur Seckendorff in Berlin und an den kleineren Höfen Nord- und Mitteldeutschlands wirkungsvoll sekundiert, sondern auch dem Prinzen Eugen die Berichte welfischer Diplomaten aus London und vor allem aus St. Petersburg zugeleitet [92]. Graf Königsegg wußte sich in Madrid Einblick in die Geheimnisse von Hof und Regierung zu verschaffen, er arbeitete auf Anweisung Eugens zudem daran, zwei zwielichtigen Persönlichkeiten, dem häufig mit geheimen Missionen in Westeuropa betrauten spanischen Rechtsgelehrten Macanaz und dem aus Lüttich stammenden General Walef, zu wichtigen diplomatischen Posten im spanischen Dienst zu verhelfen, doch hat hier Prinz Eugen auch unmittelbar Informationen bezogen und Anweisungen gegeben, wie sein erhaltener Briefwechsel mit Walef aus den Jahren 1726 bis 1735 zeigt [93]. In London war Graf Philipp Kinsky bemüht, sich zuverlässige Nachrichten über Umtriebe und Absichten von Hof, Regierung und Parlament zu verschaffen, wobei er übrigens auf Grund von Eugens Mitteilungen sich der Unterstützung des uns bekannten preußischen Residenten Reichenbach bedienen konnte [94]. Es ist dann freilich nicht Kinsky, sondern der 1732 von Regensburg nach Brüssel versetzte Harrach gewesen, der als Mittelsmann zwischen dem Savoyer und dem vor seinen politischen Gegnern in der Heimat auf das Festland ausgewichenen englischen Diplomaten Davenant fungierte: angeblich verfügte er über ausgezeichnete Verbindungen und gute Kenntnisse. Jedenfalls hat er von 1733 bis zu Eugens Tode diesem in zahlreichen Schreiben und Denkschriften über Vorgänge und Absichten in England auf dem laufenden gehalten, wofür ihm mehrfach erhebliche Summen bezahlt wurden [95].

Am Rande sei noch bemerkt, daß die meisten der für dieses geheime Nachrichten-, Spionage- und Beeinflussungssystem benötigten Gelder wohl aus einer Privatschatulle des Kaisers kamen. In einem Schreiben Eugens an Seckendorff aus dem Herbst 1730 lesen wir, daß er die für Pensionszahlungen und geheime Ausgaben berechneten 2000 Dukaten und 688 Gulden in zwei Säcken an den Gesandten abschicken würde, sobald er sie vom Kaiser erhalten habe [96]. Doch scheint es häufig auch vorgekommen zu sein, daß Zahlungen an die Diplomaten durch das Wiener Bankhaus der Brüder Palm erfolgten [97]. Die Gesamthöhe der Kosten läßt sich auch nicht annähernd schätzen, da Unterlagen dafür nicht vorhanden zu sein scheinen und eine Zusammenzählung und Berechnung der einzelnen Pensionen und sonstigen geheimen Ausgaben immer lückenhaft bleiben dürfte. Schon aus den bisherigen Darlegungen ergibt sich, daß sie nicht gering gewesen sind. Als Beispiel auch für die Mannigfaltigkeit der zu leistenden Zahlungen sei noch darauf hingewiesen, daß Seckendorff für Pensionen am preußischen Hofe in einem Jahr insgesamt 5100 Dukaten und 8160 Gulden in Rechnung stellte [98], daß er aber außerdem jeweils z. T. weit höhere Beträge für einmalige Belohnungen auszulegen hatte, so etwa den Ersatz der Kosten für die Aufbringung von langen Kerls durch den Herzog von Bevern [99] oder die Aufwendung für die Beschaffung eines ihm angebotenen pfälzischen Geheimvertrages, für die ihm Vollmacht bis zu 1000 Dukaten gegeben wurde [100]. Und dazu kamen noch „Präsente" aller Art, geschäftliche Transaktionen zugunsten der Konfidenten und ihrer Familienglieder, Ankauf oder Erleichterung des Verkaufs von Gütern für sie, Ausstattung zu Hochzeiten usw.

V.

Wir haben uns nun noch zu fragen, welches denn die außenpolitischen Absichten und Ziele des Prinzen Eugen waren, denen die von ihm eingerichtete und geleitete geheime Diplomatie diente und was er durch sie erreicht hat. Vorweg ist dabei zu bemerken, daß, wie das von uns offengelegte „Secret du Prince" zugleich ein „Secret de l'Empereur" war [101], er auch seine politischen Grundsätze und Meinungen zwar gegenüber dem Kaiser vorbrachte und vertrat, sie aber letztlich dessen Willen unterordnete. Selbst hat er Vertrauten gegenüber aus Anlaß der von ihm widerratenen Errichtung der Ostende-Kompagnie sein unerschütterliches Festhalten an Gehorsamspflicht und Loyalität zum Ausdruck gebracht. Dem Marquis de Prié hat er bei dieser Gelegenheit erklärt, daß nach der Entscheidung des Kaisers nur noch daran zu denken sei, sie mit allen Mitteln durchzuführen [102], und deutlicher noch hat er Mac Neny seinen Standpunkt klargelegt: „Ich war immer gegen die Errichtung der Kompagnie, aber da Seine Majestät sie ungeachtet meiner Vorstellungen hat bilden wollen, führt es zu nichts, weiter davon zu sprechen, und es ist Pflicht eines guten und treuen Dieners des Herrn, zu überlegen, mit welchen Mitteln die von ihm übernommenen Verpflichtungen ausgeführt werden können" [103]. Von dem Zeitpunkt an, da der mittellose Flüchtling Aufnahme im kaiserlichen Heer gefunden hatte, bis zu seinem Lebensende hat der Prinz Eugen sich in erster Linie als der Vasall des Hauses Habsburg gefühlt, der sich dem jeweiligen Herrscher Österreichs auch dann

FRIEDRICH WILHELM VON GRUMBKOW

Nach einem Gemälde von Liscensky

Graf Ernst Christoph von Manteuffel
Nach einem Gemälde von Mathieu

Graf Ferdinand von Plettenberg

Nach einem Gemälde von M. van Meytens d. J.

Johann Christoph von Bartenstein

Nach einem Gemälde von J. van Meytens

unterordnete, wenn er mit seiner Meinung und Haltung nicht übereinstimmte. Davon hat ihn auch eine Verletzung seines Stolzes, wie sie doch wohl die Verdrängung von dem Posten des belgischen Generalstatthalters bedeutete, nicht abbringen lassen: wenn er zunächst Prié, dessen Versäumnisse seinen höfischen Gegnern nicht zum wenigsten diesen Triumph ermöglicht hatten, seine volle Unterstützung zusagte, soweit er seinen allein auf das Wohl und den Vorteil von Staat und Land gerichteten Anweisungen gefolgt war [104], so hat er ihm dann, als die Entscheidung gefallen war, seine Maximen vor Augen gestellt, denen man gerade im Unglück folgen müsse: da gelte es für den „homme de cœur et d'esprit" sich zu bewähren und in schlechten Zeiten die gleiche Festigkeit und Seelengröße zu zeigen wie in Zeiten des Glücks [105].

Aber überblicken wir seine Politik im Zusammenhang. Man wird kaum daran zweifeln können, daß der Prinz von Beginn seines politischen Handelns an von der Notwendigkeit einer engen Verbindung Österreichs mit den Seemächten zwecks Vereitelung französischer Hegemonieabsichten in Europa überzeugt war. Während des Spanischen Erbfolgekrieges ist er fortdauernd um die Festigung dieses Systems bemüht gewesen, wobei er an dem Engländer Marlborough und dem Holländer Heinsius gleichgesinnte Partner fand. Es wurde schon erwähnt, daß er Anfang 1712 persönlich nach London eilte, um den drohenden Abfall Englands von der Allianz mit dem Kaiser zu verhindern: damals läßt sich übrigens zum erstenmal der Ansatz zu einer von ihm gesteuerten Geheimdiplomatie beobachten, indem er seinen Generaladjutanten Hohendorff vorausschickte, sich seiner dann auch in London als Mittelsmann zu den führenden englischen Politikern bediente, ihn nach seiner Rückkehr auf das Festland zur Berichterstattung nach Wien sandte und im Juni 1712 erneut nach England fahren ließ, wo der Geheimbote freilich dann die Aussichtslosigkeit seiner Mission rasch erkennen mußte [106]. Es hat nun freilich den Anschein, als ob in den folgenden Jahren der über Englands Verhalten bitter enttäuschte Prinz ernsthaft an eine Vorwegnahme des erst ein halbes Jahrhundert später wirklich zustande kommenden „Renversement des Alliances", an eine Versöhnung zwischen Wien und Versailles zur Abwehr eines drohenden englischen Übergewichts, gedacht hat [107]. In Unterhaltungen mit dem französischen Marschall Villars nach Abschluß des Friedens in Rastatt und bei einer neuen Zusammenkunft mit diesem Repräsentanten des französischen Königs aus Anlaß der Unterzeichnung des noch ausstehenden Friedens zwischen Frankreich und dem Reich im schweizerischen Baden hat er entsprechende Wünsche zu erkennen gegeben, die er auch in einem sich anschließenden freundschaftlichen Briefwechsel mit Villars, wenn auch in vorsichtiger Form, bestätigte. An ihn hat denn auch der greise Ludwig XIV., der angesichts der mit der Thronbesteigung des Hauses Hannover in England sich ankündigenden Wiederannäherung der Seemacht an Österreich seinerseits in den letzten Tagen seines Lebens eine Union mit dem Kaiser anstrebte, seine Vertreter in Wien verwiesen. Man gewinnt indessen nicht den Eindruck, daß Eugen ihre Anträge unterstützt und sich gegen die in der Tat erfolgende neuerliche Verbindung Österreichs mit den Seemächten gesträubt hätte. Wohl sehen wir ihn dann immerhin an Versuchen beteiligt, den nach Ludwigs XIV. Tod zum Regenten Frankreichs gewordenen Herzog von Orléans in Ausnützung seiner Rivalität mit dem in Spanien zur Herrschaft gelangten Bourbonen zu Konzessionen an den deutschen Nachbarn und zum Zusammenwirken in der großen Politik zu bestimmen: in Paris liefen damals neben den Verhandlungen der offiziellen Diplomatie geheime Besprechungen her, die kein anderer als wieder Eugens Vertrauensmann Hohendorff führte [108]. Man wird jedoch aus dieser zweifellos schon zu dem „Secret“ von Kaiser und Prinz gehörenden Aktion nicht zu weitgehende Schlüsse ziehen dürfen: Eugen ist dabei wohl in erster Linie auf eine Rückendeckung für den neuen Krieg mit den Türken bedacht gewesen, den er dann erfolgreich mit dem Sieg von Belgrad und dem Frieden von Passarowitz abschloß. Und ebenso bedeutete der 1718/19 durch seinen damaligen Paladin und späteren erbitterten Feind Bonneval vermittelte eigenhändige Briefwechsel des Prinzen mit des Regenten Minister und Vertrauten Dubois keine Option für Frankreich [109]. Zwar hat Bonneval dem Franzosen versichert, daß sein Chef bereit sei, sich mit ihm in dieser persönlichen Korrespondenz über alle politischen Fragen, bei denen es auf Geheimhaltung und Schnelligkeit des Handelns ankomme, in gleicher Weise zu besprechen wie einst mit Marlborough und Heinsius, und er hat bedeutungsvoll darauf hingewiesen, daß man es nach dem Beispiel Richelieus vermeiden müsse, die Affären durch zuviel Hände gehen zu lassen [110]. Zu diesem Zeitpunkt handelte es sich für Österreich aber darum, den plötzlichen Vorstoß des bourbonischen Spanien gegen Italien abzuwehren, was in der Tat der aus Seemächten, Frankreich und Österreich gebildeten Quadrupelallianz gelang. Eine Absicht zur Abwendung von England zu Frankreich lag also keineswegs vor, und Eugen selbst hat im Hinblick auf seine Politik in jener Zeit, in der es bereits zu erheblichen Spannungen zwischen Wien und London gekommen war, später erklärt, es sei ihm vor allem darauf angekommen, einen Zusammenstoß mit den Mächten zu vermeiden, die früher Österreichs beste Freunde gewesen seien.

So ist denn auch der Bruch, der seit Beginn der zwanziger Jahre tatsächlich zwischen den Seemächten und dem Kaiser eintrat, sicher nicht auf ihn zurückzuführen. Offenbar hat er in dem im Reich entbrannten Religionsstreit, in dem das nunmehr mit England in Personalunion verbundene Hannover die Führung der mehr und mehr auch gegen das Reichsoberhaupt sich wendenden protestantischen Partei übernahm, immer wieder zu Mäßigung auf katholischer Seite und zum Ausgleich geraten [111], und der Hauptstein des Anstoßes bei den um ihr Handelsmonopol auf den Meeren besorgten Engländern und Holländern, die zur Förderung der österreichischen Niederlande errichtete Ostende-Kompagnie, ist, wie wir sahen, gegen seinen Rat gesetzt worden. Übereinstimmend haben zu jener Zeit die fremden Diplomaten in Wien von dem geringen Kredit des Prinzen berichtet, der zwar als erster Minister sich ausgebe und erscheine, in Wirklichkeit aber gegenüber dem Spanier Rialp und dem Hofkanzler Sinzendorf sich nicht durchzusetzen vermöge [112], der dann ja auch selbst mit der Ende 1724 erfolgenden Demission als Generalstatthalter der Niederlande in der Tat das Übergewicht seiner Widersacher bei Hofe anzuerkennen schien. Möglich, daß gerade dieser Rückzug und die damit verbundene Entlastung ihm die Möglichkeit gegeben haben, die Zügel auf außenpolitischem Gebiete wieder stärker in seine Hand zu nehmen: mit 1725/26 beginnt ja jene Geheimdiplomatie der Himmelpfortgasse oder des Belvedere [113], die ihm Kenntnisse vermittelte, von denen die anderen Minister und Berater des Kaisers nichts wußten und die ihm so eine Überlegenheit über jene gab. Es scheint, als wenn die überraschende Verständigung Kaiser Karls VI. mit seinem alten bourbonischen Gegner in Madrid, die den Gegensatz zu den Seemächten verschärfen mußte, die letzte große Entscheidung war, die, wenn nicht gegen, so doch ohne ihn getroffen wurde [114]. Seitdem aber wurde, während Sinzendorf die sich immer mehr zuspitzende europäische Krise in persönlichen Verhandlungen auf dem Kongreß zu Soissons und in Paris vergeblich zu lösen suchte und zusehends das Vertrauen des Kaisers verlor, der Prinz, gestützt von einem der anderen deutschen Minister, dem Grafen Gundaker Starhemberg, wieder zum ersten Rat der Krone.

Es geschah wohl nicht nur auf Grund seiner auch von den Diplomaten der Westmächte beobachteten unerschütterlichen Loyalität gegenüber dem Habsburger und seiner daraus folgenden Anpassung an die einmal von dem Kaiser gefaßten Entschlüsse [115], daß er zunächst nach seinem Wiederhervortreten die mit dem Spanienvertrag eingeschlagene Richtung mit allem Nachdruck vertrat, vielmehr war er auch selbst, wie sein geheimer Briefwechsel zeigt, empört über das Verhalten der Seemächte, denen er Verblendung und Anmaßung vorwarf [116], brach er auch mit seinem früheren Freunde Saint Saphorin, als diesem Vertreter König Georgs von England in Wien geheime Aufreizung der Türken zur Last gelegt wurde [117]. So hat er denn auch alles getan, um auf der einen Seite den spanischen Verbündeten zu Anstrengungen militärischer und vor allem finanzieller Art für die gemeinsame Sache zu bewegen und auf der anderen Frankreich und England, die sich im hannoverschen Herrenhausen mit Preußen zu einem Gegenbündnis gegen Österreich-Spanien zusammengeschlossen hatten, Schwierigkeiten zu bereiten, und er hat zugleich Dispositionen für einen Krieg getroffen, der mehrfach unmittelbar vor dem Ausbruch zu stehen schien. Aber den Hauptnachdruck legte er auf die Sammlung der Kräfte Ost- und Nordeuropas im kaiserlichen Lager: dieser Aktion, der deutlich erkennbar nun seine Geheimdiplomatie diente, lag zweifellos seine eigene politische Konzeption zugrunde [118]. Und hier, in St. Petersburg und vor allem in Berlin, sind ihm die ersten großen politischen Erfolge gelungen. Mit Rußland, wo Rabutin sich rasch das Vertrauen der maßgebenden Persönlichkeiten zu gewinnen vermochte und seinem Nachfolger Wratislaw aus der Ferne der mit dem Zarenhause verwandte Herzog von Bevern sekundierte, wurde ein enger Bund geschlossen und über alle Thronwechsel und höfischen Krisen hinweg gewahrt. Insbesondere aber wußte Seckendorff Preußen, dessen militärische Kraft der Prinz klar erkannte, zum Austritt aus der Herrenhauser Allianz zu bewegen und es durch Verträge, die 1726 in Wusterhausen und 1728 in Berlin unterzeichnet wurden, fest an den Kaiser zu binden [119]. Der Zusammenschluß der drei Mächte Österreich-Rußland-Preußen war als Kern für eine umfassendere Koalition gedacht. Zwar erfüllte sich die Hoffnung, daß August von Sachsen-Polen dem Beispiel seines preußischen „Compatron" folgen werde, nicht, da Manteuffel 1730 als Minister gestürzt wurde und sein Nachfolger Hoym sich an Frankreich und die in Dresden und Warschau mächtige französische Partei gebunden hatte [120]. Dagegen ließen sich die Aussichten für die Einfügung Dänemarks und auch Schwedens gut an – dort durch die Einwirkung der mit Manteuffel befreundeten Brüder Plessen, hier durch die Verbindung, die Seckendorff mit dem Bruder des Königs, dem Landgrafen Wilhelm von Hessen-Kassel, herstellte [121]. Überhaupt waren die Vertrauensleute des Savoyers eifrig bemüht, die mittleren und kleineren Reichsfürsten zu gewinnen, wobei neben der Absicht, durch ihre Kontingente im Kriegsfall die eigene Armee zu verstärken, der Wunsch des söhnelosen Kaisers auf Garantie der die Erbfolge seiner Tochter Maria Theresia in allen seinen Landen festsetzenden Pragmatischen Sanktion durch das Reich eine Rolle spielte. Seckendorff wußte außer Hessen-Kassel die ernestinischen Wettiner und die Markgrafen von Ansbach und Bayreuth zu Subsidienverträgen zu bereden, er hoffte auch, den Herzog Eberhard Ludwig von Württemberg durch den Grafen von Grävenitz und seine Schwester, des Herzogs Maitresse, ins kaiserliche Lager zu ziehen [122]. Vor allem aber konnte Harrach mit Hilfe der Plettenbergs die Front der Wittelsbacher sprengen, indem der Kurfürst von Köln gegen Zusicherung kaiserlicher Hilfe bei der Erwerbung eines weiteren geistlichen Fürstentums und hoher Zahlungen dem Kaiser Gefolgschaft versprach [123]. Ob man durch ihn nicht sogar seinen bayrischen Bruder von Frankreich abziehen konnte? Dies stand ebenso im Programm Eugens wie der Versuch, einen Ausgleich zwischen Berlin und dem pfälzischen Hof in Mannheim in der Frage des von Preußen nach dem Tode des derzeitigen Kurfürsten von der Pfalz beanspruchten Besitzes von Jülich und Berg zu vermitteln und damit die Voraussetzung für den Anschluß auch dieses Wittelsbachers an die kaiserliche Partei zu schaffen [124].

Aber so wichtig dem Prinzen dies alles war, mehr und mehr erschien ihm doch als die beste Sicherung einer imponierenden Stellung der Casa d'Austria im Reich und in Europa der Wandel in der doch von Anfang an von ihm als unnatürlich empfundenen Konstellation der großen Mächte, wie sie sich seit Beginn der zwanziger Jahre gebildet hatte, die Rückkehr zu dem sogenannten alten System, die Versöhnung mit England [125]. Seit 1728 hat er verschiedentlich seinen diplomatischen Korrespondenten Hinweise auf Möglichkeiten zu einer Verständigung mit den Seemächten gegeben, wobei er übrigens immer wieder betonte, daß sie nicht auf Kosten der Freundschaft des Kaisers mit dem damals mit seinem hannoverschen Nachbarn und Schwager bitter verfeindeten König von Preußen erfolgen könnte: wenn man in London und Hannover, so meinte er im Mai 1729 zu Seckendorff, sein wahres Interesse erkenne, würde eine Einigung in kurzer Frist zustande kommen, und es sei kein Zweifel, daß die Vereinigung der drei Mächte – Österreich, Preußen, England – ihnen die beste Sicherheit und das größte Gewicht in Europa geben müßte [126]. Die Meinung, daß man sich zusammenfinden solle und daß dies sofort erfolgen könne, wenn man in London dazu bereit sei, hat er auch immer wieder dem nach dort entsandten Grafen Philipp Kinsky gegenüber zum Ausdruck gebracht [127]. Daß das immer unzuverlässiger und spröder gewordene Spanien im Herbst 1729 dem Kaiser den Rücken kehrte, hat er zwar durch Königsegg zu verhindern gesucht, doch hat ihm die Tatsache dieses mit dem Vertrag von Sevilla vollzogenen Frontwechsels um so weniger Kummer bereitet, als sich zeigte, daß man in England die sich nun ergebende Freundschaft Spaniens mit Frankreich, den Zusammenschluß der beiden Bourbonenmächte, mit Mißtrauen und Besorgnis beobachtete. Im Herbst 1730 war das Eis gebrochen, der neue englische Gesandte in Wien, Robinson, bot Verhandlungen an, die rasche Fortschritte machten [128]. Wenn der Kaiser bereit war, die schon seit längerer Zeit suspendierte Ostende-Kompagnie endgültig zu opfern, so konnte er dafür auf die Anerkenung der Pragmatischen Sanktion durch England und Hannover rechnen. Überraschend sah sich Eugen in letzter Minute nun auch von Frankreich umworben, dessen leitender Staatsmann, Kardinal Fleury, dem Prinzen persönlich das Angebot einer Union, wie sie ja einst zwischen ihm und Villars erörtert worden war, überreichen ließ [129]. Doch der Prinz war, wie er – nach der Entscheidung – an Stephan Kinsky in Paris schrieb, der Überzeugung, daß eine Freundschaft mit Frankreich zugleich mit der englischen nicht möglich, diese aber den beiderseitigen Interessen viel anständiger, also auch weit natürlicher sei [130]. Am 16. März 1731 wurde in Wien der Vertrag mit England unterzeichnet. Es traf durchaus zu, wenn der führende englische Minister, Robert Walpole, in einem Brief an Eugen ihn als den Haupturheber dieser Wiederherstellung alter Freundschaft bezeichnete: « de cette réconciliation, que Vous avez si heureusement commencée et accomplie » [131]. Holland, das zur Schaluppe im Schlepptau und Kielwasser des großen englischen Schiffs geworden war [132], trat dem Vertrage bei. Im Reich erfolgte nun, da Hannover gewonnen war, die Garantie der Pragmatischen Sanktion [133], Seckendorff sammelte Verträge an den Höfen Mitteldeutschlands und schloß zusammen mit einem russischen Bevollmächtigten ein Bündnis mit Dänemark, das die von Eugen immer wieder geforderte Ruhe im Norden sicherte [134]. Österreich, Rußland und Preußen verständigten sich auch in einem nach dem russischen Bevollmächtigten Löwenwolde genannten Vertrag über gemeinsames Handeln in Polen für den Fall des Todes Augusts des Starken, der übrigens zugleich die Möglichkeit eines Anschlusses Sachsens an den Kaiser eröffnen konnte – schon längst hatten Seckendorff und Manteuffel ihre Hoffnungen auf den mit einer Habsburgerin verheirateten Kurprinzen Friedrich August gesetzt und sich Einfluß auf ihn zu sichern gesucht. Selbst mit dem untreuen Spanien kam unter englischer Vermittlung ein freilich kaum sehr ernst gemeinter Traktat zustande [135]. Und in Turin arbeitete seit 1730 Eugens Vertrauter Philippi bei dem jungen König Karl Emanuel anscheinend nicht ohne Erfolg auf Frontstellung gegen Frankreich, wozu der ja selbst dem Savoyerhause entstammende Prinz das Argument lieferte, daß ihre Familie erfahrungsgemäß noch nie bei dem Glauben an französische Versprechungen gut gefahren sei und im Grunde keinen gefährlicheren Feind habe als die französische Krone [136].

„Gegen Ende des Jahres 1732", so hat Bartenstein, zu dieser Zeit Geheimer Referendar bei der Geheimen Staatskonferenz, in einem 30 Jahre später niedergeschriebenen historischen Rückblick festgestellt, „schien das Erzhaus in größtem Flor und Aufnahme und des höchstseligen Kaisers Ruhm und Glorie auf das Höchste angestiegen zu sein" [137]. War dies nicht Folge und Ergebnis von Eugens Wirksamkeit? Wäre der Siebzigjährige damals aus dem Leben geschieden, so wäre er wohl nicht nur als einer der größten Feldherrn, sondern auch als einer der erfolgreichsten Staatsmänner in die Geschichte eingegangen.

VI.

Nur noch einige Jahre hat er gelebt, aber was in dieser Zeit geschah, mußte Zeitgenossen und Nachwelt seine Fähigkeit und seine Leistungen auf politischem Gebiet als problematisch erscheinen lassen. Denn während er noch immer als der erste Minister des Kaisers erschien, änderte sich die Lage völlig, stürzte Österreich von der stolzen Machthöhe, die es erreicht hatte, jäh und tief herab. Ausgangspunkt für diese Wendung war der Tod Augusts des Starken, von dem man in Wien doch gerade eine weitere Befestigung des aufgerichteten Systems erhofft hatte. Gewann man in der Tat die Freundschaft des neuen sächsischen Kurfürsten, indem man zusammen mit Rußland ihm durch Eingreifen in den Wahlkampf in Polen die Nachfolge seines Vaters auch in diesem Reich verschaffte, so sah man sich daraufhin plötzlich einem Angriff Frankreichs und Spaniens gegenüber, denen sich trotz aller Bemühungen Philippis auch Sardinien anschloß, stieß man zudem durch die in dem Eintreten für den Wettiner liegende Mißachtung der im Vorjahr getroffenen Abmachungen über Polen den preußischen König vor den Kopf. Schwere Fehler, die man entgegen den Ratschlägen Seckendorffs in der psychologischen Behandlung Friedrich Wilhelms beging, haben dem für Österreich so nützlichen Einfluß des kaiserlichen Gesandten in Berlin ein Ende gesetzt [138], und zugleich führte der aus persönlichen Gründen erfolgende Sturz des kölnischen Ministers Plettenberg zur Wiedervereinigung der Wittelsbacher in der Opposition gegen Wien und damit zur Vernichtung des Kernstücks von Harrachs Arbeit im Reich [139]. Das Schlimmste aber war, daß England, auf dessen Ratschläge nicht zum wenigsten die Entfremdung mit Preußen und teilweise auch die Haltung Wiens in der polnischen Thronfolge zurückzuführen waren, den Kaiser in dem Krieg, auf den man, wie sich zeigte, militärisch nur unzureichend vorbereitet war, im Stich ließ und sich ebenso wie Holland in eine neutrale Haltung zurückzog. Im wesentlichen so auf die eigenen Kräfte angewiesen, geriet das Habsburgerreich in schwerste Bedrängnis, aus der man schließlich im Herbst 1735 nur noch durch einen mit schweren Opfern verbundenen Friedensschluß herauskommen zu können glaubte.

Daß den greisen Prinzen Eugen zum mindesten eine Mitschuld an dieser üblen Entwicklung traf, hat Bartenstein nicht nur in jener späteren Rückschau, sondern auch schon während des Polnischen Thronfolgekrieges in geheimen Denkschriften und Glossen an den Kaiser behauptet [140]. Eins ist gewiß: bei dem Prinzen war, sich in ständigen Erkältungen schon seit etwa 1730 ankündigend, in stärkerem Maße seit 1732, ein Kräfteverfall in körperlicher und in geistiger Beziehung eingetreten. Darauf weisen die sich häufenden Erkundigungen des Kaisers in seinen Billetts an den Prinzen nach seiner Gesundheit und seine ständigen Mahnungen, doch besser auf sich zu achten und dem Rat der Ärzte zu folgen, hin [141], und ebenso enthalten die Berichte der fremden Gesandten in Wien wiederholt Meldungen über fieberhafte Anfälle Eugens und einen Gedächtnisschwund, der, verbunden mit einem wachsenden Eigensinn, oft zu merkwürdigen Auftritten führte [142]. So wurde der Greis mehr und mehr zu einem menschlichen Wrack, was auch zutage trat, als er trotz seines Zustandes 1734 und 1735 persönlich das Kommando über die kaiserliche Armee gegen Frankreich übernahm [143]. Waren von ihm bei dieser Hinfälligkeit keine großen militärischen Taten mehr zu erwarten, so mochte es nun auch seinen politischen Überlegungen und Aktionen an Klarheit, Zielbewußtsein und Energie mangeln. Erstaunlicherweise hat er aber mit Hilfe Kochs jene umfangreichen Geheimkorrespondenzen fortgeführt, gingen bis Ende 1735 im Sommer aus dem Feldlager, im Winter aus Wien die Weisungen mit seiner immer zittriger werdenden Unterschrift an seine Vertrauensmänner im Reich und in Europa.

Er hat selbst wohl in diesen Jahren noch geglaubt, in dem gleichfalls in der Tat fortdauernden geheimen Gedankenaustausch mit dem Kaiser die Politik maßgebend zu bestimmen [144]. In Wirklichkeit hatte sich Karl schon seit 1732/33 der Führung des zum Geheimen Staatssekretär erhobenen und mit dem Adelsprädikat beliehenen Bartenstein anvertraut, dessen den Prinzen kritisierende Ausführungen er mit zustimmenden Marginalien versah [145].

Der plötzliche Präliminarfriede mit Frankreich ist Anfang Oktober 1735 ohne Eugens Beteiligung, ja wohl ohne sein Wissen geschlossen worden: er sei darüber, so wußte der Engländer Robinson nach einem Gespräch mit dem erst danach aus dem Felde nach Wien zurückgekehrten Prinzen zu berichten, außerordentlich konsterniert [146].

So hat die Laufbahn dieses bedeutenden Menschen einen wahrhaftig tragischen Abschluß gefunden. Als der ruhmreiche Feldherr, der, wie wir sahen, zeitweise doch auch die politische Entwicklung in Europa tief beeinflußt hat, im April 1736 starb, hat man in Paris die Meldung mit dem zutreffenden Kommentar versehen, daß sein Tod nicht mehr als wichtiges Ereignis angesehen werden könne: « La mort du Prince Eugène ne peut plus être regardé comme un évènement » [147].

Belege und Anmerkungen

[1] Zur Geschichte der Diplomatie vgl. D. J. *Hill*, A History of Diplomacy in the International Development of Europe, 3 Bde., 1905–1914; O. *Krauske*, Die Entwicklung der ständigen Diplomatie vom 15. Jahrhundert bis zu den Beschlüssen von 1815 und 1818, 1885; dazu A. *Schaube*, Zur Entstehungsgeschichte der ständigen Gesandtschaften, Mitteilungen des Instituts für Österreichische Geschichtsforschung 10, 1889. – Zu den Anfängen: W. *Andreas*, Italien und die Anfänge der neuzeitlichen Diplomatie, Historische Zeitschrift 167, 1943, auch in W. *Andreas*, Staatskunst und Diplomatie der Venezianer im Spiegel ihrer Gesandtenberichte, 1943; F. *Ernst*, Über Gesandtschaftswesen und Diplomatie an der Wende vom Mittelalter zur Neuzeit, Archiv für Kulturgeschichte 33, 1951; I. *Bernays*, Die Diplomatie um 1500, Historische Zeitschrift 138, 1928; G. *Mattingly*, Renaissance Diplomacy, 1955. – Für die spätere Zeit: J. *Zeller*, La diplomatie française vers le milieu du seizième siècle, 1880; P. R. *Rohden*, Die klassische Diplomatie von Kaunitz bis Metternich, 1939; O. *Graf Stolberg*, Die klassische Diplomatie, Kaunitz–Talleyrand–Metternich, Die Neue Rundschau 50, 1939; Ch. *Webster*, The Art and Practice of Diplomacy, 1961. – Siehe auch H. *Nicolson*, Diplomacy, 1950; R. *v. Kühlmann*, Die Diplomaten, 1939; R. *Sallet*, Der diplomatische Dienst, seine Geschichte und Organisation in Frankreich, Großbritannien und den Vereinigten Staaten, 1953.

[2] Recueil des Instructions données aux Ambassadeurs et Ministres de France depuis les Traités de Westphalie jusqu'à la Révolution Française, bisher 27 Bde., 1884–1960.

[3] C.-G. *Picavet*, La Diplomatie Française au temps de Louis XIV (1661–1715), Institutions, Mœurs et Coutumes, 1930; C. *Piccioni*, Les Premiers Commis des Affaires Etrangères au XVIIe et au XVIIIe Siècles, 1928.

[4] British Diplomatic Instructions 1689–1789, bisher 7 Bde., 1922–1934. – D. B. *Horn*, The British Diplomatic Service 1689–1789, 1961.

[5] Urkunden und Aktenstücke zur Geschichte des Kurfürsten Friedrich Wilhelm von Brandenburg, 23 Bde., 1864–1930. Politische Correspondenz Friedrichs des Großen, 46 Bde. (bis 1782), 1879–1939. Vgl. die von mir angeregten Bonner Dissertationen von *E. Jagenburg*, Die Diplomatie Brandenburgs zur Zeit des Großen Kurfürsten, 1936, und – für einen kleineren Reichsstand – von W. *Tenter*, Die Diplomatie Kurkölns im 18. Jahrhundert (Maschinenschrift), 1950.

[6] Repertorium der diplomatischen Vertreter aller Länder seit dem Westfälischen Frieden (1648), I (1648–1715), hg. v. L. *Bittner* u. L. *Grosz*, 1936, II (1716–1763), hg. v. F. *Hausmann*, 1950.

[7] Histoire des Relations Internationales, publiée sous la Direction de P. *Renouvin*, 8 Bde., 1953–1959, davon Bd. II u. III, G. *Zeller*, Les Temps Modernes (I, De Christophe Colomb à Cromwell, II, De Louis XIV. à 1789).

[8] Über geheimen Rat und Konferenz in Österreich vgl. Th. *Fellner* u. H. *Kretschmayr*, Die österreichische Zentralverwaltung, I. Abt., Von Maximilian I. bis zur Vereinigung der Österreichischen und Böhmischen Hofkanzlei (1749), I, 1907, S. 37–60; G. *Turba*, Reichsgraf Seilern aus Ladenburg am Neckar 1646–1715 als kurpfälzischer und österreichischer Staatsmann, 1923, S. 187–206.

[9] M. *Braubach*, Prinz Eugen im Kampf um die Macht 1701–1705, Historisches Jahrbuch 74, 1955, S. 294–318.

[10] Vgl. M. *Braubach*, Ein rheinischer Fürst als Gegenspieler des Prinzen Eugen am Wiener Hof, Aus Geschichte und Landeskunde, Forschungen und Darstellungen Franz Steinbach zum 65. Geburtstag gewidmet, 1960, S. 114–132.

[11] Brief des Hofkammerrats Palm aus Wien an den Baron de Saint Saphorin, 31. August 1709. Nachlaß Saint Saphorins in Schloß Saint Saphorin bei Morges am Genfer See.

[12] Über den Grafen Wenzel Wratislaw (1669–1712) vgl. A. *v. Arneth*, Eigenhändige Korrespondenz des Königs Karl III. von Spanien (nachmals Kaiser Karl VI.) mit dem Obersten Kanzler des Königreichs Böhmen Grafen Johann Wenzel Wratislaw, Archiv für Kunde österreichischer Geschichtsquellen 16, 1856; W. *Reese*, Das Ringen um Frieden und Sicherheit in den Entscheidungsjahren des Spanischen Erbfolgekrieges 1708–1709, 1933, S. 97–102. Die von Reese angekündigte Biographie des bedeutenden Staatsmannes ist leider ungeschrieben geblieben.

[13] Vgl. die Äußerung Friedrichs in seinem Politischen Testament von 1768 in Politische Correspondenz Friedrichs des Großen, Ergänzungsband, Die Politischen Testamente Friedrichs des Großen, red. v. G. B. *Volz*, 1920, S. 233.

[14] Vgl. M. *Braubach*, Prinz Eugen und das 18. Jahrhundert, Historische Zeitschrift 179, 1955, S. 288/89, und die dort angeführten Belege aus den Berichten du Lucs, du Bourgs und Saint Saphorins.

[15] Siehe über die betreffenden Bestände des Wiener Archivs Gesamtinventar des Wiener Haus-, Hof- und Staatsarchivs, hg. v. L. *Bittner*, I, 1936, S. 330–348, 407–421.

[16] Wien, Haus-, Hof- und Staatsarchiv, Große Korrespondenz (i. F.: H. K.) 90 b. Zur Handschrift Karls siehe auch O. *Redlich*, Die Tagebücher Kaiser Karls VI., Gesamtdeutsche Vergangenheit, Festgabe für Heinrich Ritter von Srbik, 1938, S. 141–151.

[17] Während die Briefe in ihrem Hauptteil in deutscher Sprache geschrieben sind, schließen sie meist mit einigen französischen Sätzen, in denen der Kaiser vor allem in den letzten Jahren seiner Sorge um Eugens Gesundheit Ausdruck gab, so etwa am 29. November 1729: « Adieu mon cher Prince, donnez un peu d'audience à Garelli et confessez vous avec lui, ayez tout possible soin de votre santé » (Garelli war der Leibarzt des Kaisers, den er zu dem Prinzen geschickt hatte), oder am 26. Januar 1733: « Je vous conjure, ayez soin de votre santé, gardez vous du mauvais temps, restez un peu plus au lit ».

[18] Belgien IV, Rep. DD: Abt. B, 32 bis 37. Sie wurden früher in der „Großen Korrespondenz" als Fasz. 153, 154 a, 154 b, 155, 156 a, 156 b geführt. Vgl. *Bittner*, Gesamtinventar des Wiener Haus-, Hof- und Staatsarchivs IV, 1938, S. 344/45.

[19] Vgl. *Bittner*, Inventar I, S. 587–594. In der „Großen Korrespondenz" enthalten die Faszikel 75 a bis 152 b die Korrespondenz des Prinzen Eugen.

[20] G. K. 77 a bis 83 a. In den Faszikeln 82 a, 82 b und 83 a liegen die Originalschreiben Eugens an den Herzog aus den Jahren 1722–1724, 1727–1735, die nach einem Vermerk

auf Grund schriftlicher Anordnung des Herzogs nach dessen Tod (3. September 1735) an den Prinzen Eugen zurückgesandt wurden.

[21] G. K. 103 c (nur Berichte Rabutins und Entwürfe von Schreiben Eugens).

[22] G. K. 105 a–124. In dem als Anhang zu Bd. II und III seines Werks Friedrich Wilhelm I. von Preußen, 1835, veröffentlichten Urkundenbuch zu der Lebensgeschichte Friedrich Wilhelms I. hat Fr. *Förster* Teile der Korrespondenz Eugens mit Seckendorff vom Januar 1724 bis zum März 1727 abgedruckt. Ferner hat er in den seinem zweibändigen Werk Die Höfe und Cabinette Europas im 18. Jahrhundert beigegebenen Urkundenbüchern Berichte des kaiserlichen Residenten in London Palm an Seckendorff vom November 1726 bis April 1727, einige Relationen Seckendorffs an Sinzendorf, Eugen und den Kaiser und Schreiben des Kaisers und Eugens an ihn vom März bis Mai 1727 und ein Schreiben an Seckendorff vom 29. Januar 1732 zum Abdruck gebracht. Förster hatte diese Stücke dem Nachlaß Seckendorffs, der sich damals noch in Schloß Meuselwitz bei Altenburg befand, entnommen.

[23] Die Schreiben Königseggs mit Entwürfen von Weisungen Eugens in G. K. 96 b, die Originalschreiben Eugens in G. K. 53; die Schreiben Philippis in G. K. 102 b, die Originalweisungen Eugens ebenda 238.

[24] Die Schreiben Harrachs mit Entwürfen der Weisungen Eugens in G. K. 87 a bis 89 a, die Originalschreiben Eugens im Archiv Harrach Kart. 584–586. Ich verdanke die Möglichkeit zur Einsicht in das Archiv der Erlaubnis von Gräfin Stephanie Harrach und der liebenswürdigen Vermittlung von Graf Georg Nostitz.

[25] Berichte Philipp Kinskys und Konzepte von Weisungen Eugens 1728–1736 G. K. 94 b, Korrespondenz Stephan Kinskys 1729 bis 1732 ebenda 95 a, Korrespondenz Wratislaw 1727 bis 1735 ebenda 151, Korrespondenz Wilczek ebenda 150 b, Korrespondenz Reichenstein 1726–1735, ebenda 104 a.

[26] Eugen an Königsegg, 15. November 1726: « ... que toutes les fois qu'il se présentera quelque chose dont Elle [Votre Excellence] souhaiterait que Sa Majesté fut informée par moi, Elle n'a qu'à m'écrire sur une telle matière une lettre ostensible, ... que je donnerai ensuite à lire à Sa Majesté, et j'aurai d'autant meilleur occasion par là de lui représenter ce qui conviendra le plus à la matière, et Votre Excellence pourra, si Elle veut, m'informer toujours par une lettre à part des particularités et circonstances qu'elle n'aura pas trouvé à propos d'insérer dans celle qui sera ostensible »; 4. Februar 1727: « Votre Excellence peut continuer à me confier séparemment les circonstances et matières qu'Elle trouvera nécessaire de passer par mon canal à l'information de Sa Majesté et être persuadée que je n'en ferai jamais d'autre usage que celui qui conviendra au service du Maître et à l'avantage de Votre Excellence, et qu'Elle ne courra aucun risque à l'égard du secret en s'ouvrant à moi »; 27. April 1727: « ... que si Votre Excellence juge à propos de continuer à se servir de mon canal pour faire parvenir à la connaissance de l'Empereur de certaines particularités et informations qu'Elle aura difficulté de toucher dans ses relations, je crois qu'Elle fera bien en ce cas de partager les matières en deux lettres différentes, d'insérer dans l'une tout ce qu'Elle trouvera que l'Empereur sache et de réserver pour l'autre les circonstances qui ne doivent servir pour mon information particulière, afinque rien ne m'empêche de rendre ostensible celle qu'Elle voudra que Sa Majesté lise ... » G. K. 53.

[27] Eugen an Seckendorff, 27. Januar 1732, Seckendorff an Eugen, 5. September 1732. G. K. 116 b, 117.

[28] Eugen an Harrach, 21. Oktober 1730. Harrach-Archiv 584.

[29] Eugen an Philipp Kinsky, 23. Februar 1729: « Vous êtes fort bien excusé de ne m'avoir pas marqué par votre lettre du 2. de ce mois les différentes particularités contenues dans votre relation du même jour ... et comme sans cela l'on me communique incessamment les relations de tous les Ministres sitôt qu'elles arrivent, il est inutile que vous vous donnez la peine de répéter les matières y détaillés dans les lettres que vous m'écrivez, suffisant que dans ces dernières vous m'informiez des particularités les plus réservés et de celles que vous pourriez avoir difficulté de toucher dans les relations, dans lesquelles il est nécessaire d'ailleurs d'insérer tout ce que vous pouvez juger devoir passer par la Conférence, vos lettres particulières à moi ne servantes que pour la connaissance de Sa Majesté ».

[30] Am 26. August 1728 sandte Eugen an Königsegg eine neue Chiffre, « qui est plus étendu et plus difficile par conséquent à être déchiffré, si jamais les lettres fussent interceptées et ouvertes, précaution qui devient d'autant plus nécessaire, depuis que Votre Excellence a commencé à m'écrire regulièrement de huit en huit jours par la poste de France. Je l'ai fait d'alleurs mieux accommoder aux circonstances présentes, y ayant fait ajouter plusieurs noms qui manquaient dans l'autre, de sorte qu'à tout égard il est d'un usage plus commode. » Über das Bekanntwerden der Absendung eines besonderen Kuriers und die darauf getroffenen Verhüllungsmaßnahmen berichtet Eugen am 11. Juli 1728 aus Graz ausführlich an Königsegg, wobei er diesen zugleich anweist, den Kurier (Eisenhut) einmal von Berührung mit anderen fernzuhalten und zugleich so anzuleiten « pourque ce jeune homme ne comprenne pas lui même de quoi il s'agit ». « Il faudra », so heißt es in einem Postscript noch, « aussi prendre garde que la chose ne se découvre pas par les lettres qu'Eisenhut pourrait écrire ou ici ou à Vienne ».

[31] Schreiben Eugens an Kaiser Joseph I., 2. u. 17. Juli 1705. Feldzüge des Prinzen Eugen von Savoyen, hg. v. d. Abteilung für Kriegsgeschichte des k.k. Kriegsarchivs, VII, 1881, Suppl. S. 261, 272.

[32] Eugen an Mac Neny, 29. März 1724. G. K. 101 a.

[33] Mémoire sur la Cour de Vienne, 25. März 1719. Paris, Archives du Ministère des Affaires Etrangères, Autriche 133.

[34] Freilich bezog sich das hauptsächlich auf die Referendare des Hofkriegsrats. Vgl. M. *Braubach,* Geschichte und Abenteuer, Gestalten um den Prinzen Eugen, 1950, S. 122–124, 309–311.

[35] Langetl begegnet zuerst in einer Aufstellung Eugens für den Feldzug von 1701 als einer von zwei Konzipisten seiner Begleitung. Im Oktober 1703 sandte der Prinz ihn mit geheimen Nachrichten von Wien in das Armeehauptquartier nach Italien; wenn, so schrieb er am 3. November an Guido Starhemberg, wichtigere Dinge zur Entscheidung ständen, würde er eigenhändig bzw. in Chiffern schreiben: « Langetl le peut déchiffrer ». 1704 war er zu Starhemberg nach Turin abgeordnet, nicht nur, um dem General bei der Redigierung der Depeschen behilflich zu sein, sondern auch, um insgeheim über dessen Tun und Lassen an Eugen zu berichten. Erneut wurde er 1705 als Geheimkurier verwandt; 1708 war er u. a. beauftragt, den kaiserlichen Prinzipalkommissar beim Reichstag Kardinal Lamberg aus dem Hauptquartier „mit dem Diario posttäglich zu bedienen". In einem Schreiben an den Hofkriegsrat vom 5. Mai 1712 über die Verfolgung eines wohl zu Spionagezwecken eingesetzten Mannes meint Eugen, daß es wohl schwer sein werde, ihn zu ertappen, weil ihn „außer meiner und des Herrn Hofkriegs-Sekretärs v. Langetl sonst niemand kennt". Vgl. Feldzüge

Eugens III, Suppl. 10, V, Suppl. 54, 134, 136, 141, 149; A. v. *Arneth*, Das Leben des kaiserlichen Feldmarschalls Grafen Guido Starhemberg (1657–1737), 1853, S. 335.

[36] Vgl. H. *Mercier*, Un Secret d'État sous Louis XIV et Louis XV. La double vie de Jérôme d'Erlach, Général au service du Saint-Empire pendant la Guerre de la Succession d'Espagne (1702–1714) et Observateur de Sa Majesté Très-Chrétienne, Avoyer de la République de Berne, 1934, S. 171, 194, 197, 200. In einem Mémoire, das der unter dem Namen eines Baron d'Elcin mit den Franzosen korrespondierende General Erlach im Herbst 1711 nach Paris sandte, heißt es « Le secrétaire du Prince Eugène, nommé Langet, qui est le même avec lequel on a déjà été en rapport par une femme qui est morte, a promis aud. Baron d'Elcin de l'informer tant pour le présent que pour l'avenir de tout ce qui viendra à sa connaissance, et que pour lui témoigner sa reconnaissance de ce dont il l'a déjà informé, il lui a fait présent de cent louis d'or, qu'il avait reçûs, et il lui a promis des présents et des récompenses plus considérables, s'il continue à lui faire part de ce qu'il saura. » 1713 hegten freilich der Marschall Villars und der Kriegsminister Voysin Mißtrauen gegenüber den Nachrichten, die ihnen der Sekretär über Erlach-Elcin zukommen ließ.

[37] Aufzeichnung Bartensteins aus dem Jahre 1762, bei A. v. *Arneth*, Johann Christoph von Bartenstein und seine Zeit, Archiv für Österreichische Geschichte 46, 1871, S. 110/11. Vgl. *Braubach*, Geschichte und Abenteuer, S. 145.

[38] Schreiben Eugens an den Hofkriegsrat, 26. September 1708. Feldzüge Eugens X, Suppl. S. 250, 375, XII, Suppl. S. 449.

[39] Das in dem Kopialbuch wiedergegebene Schreiben Brockhausens an Königsegg vom 22. Oktober 1718 gibt Anweisungen Eugens betreffend seine Nichte Victoria. Am 28. Oktober 1722 benachrichtigt Brockhausen den Marquis de Prié, daß Eugen « étant parti jeudi passé pour les biens du Prince Joseph de Lichtenstein et de là sur ceux du Comte de Schönborn, Vicechancelier, d'où Elle [Son Altesse] reviendra mercredi prochain, m'a autorisé d'ouvrir les lettres, qui viendront pendant son absence ».

[40] Denkschrift Klements vom 5. September 1717, Paris, Autriche 126. Klement behauptete sogar, daß Brockhausen und seine Frau seine Heirat mit der Schwester des Sekretärs gewünscht hätten. Vgl. über Klement *Braubach*, Geschichte und Abenteuer, S. 218–274.

[41] Eugen an den Hofkriegsrat, 3. September 1716, Feldzüge Eugens XVI, Suppl. S. 114.

[42] Saint Saphorin an Stanhope, 11. Februar 1719. London, Public Record Office, SP. 80/38.

[43] Saint Saphorin an Townshend, 27. Januar 1723. Ebenda 80/49.

[44] Mémoire du Conseil Intime d'État de l'Empereur, 14. März 1725. Paris, Autriche, Mémoires et Documents 3. Hier wird zunächst auf die beiden Gräfinnen Batthyani und Stratmann hingewiesen, worauf es dann weiter heißt: « Il faut aussi s'adresser à M. Brockhausen, secrétaire de ce Prince, et on doit aussi lui parler clair sonnant. Mais les susdites deux Comtesses ne peuvent pas savoir, que l'on parle audit secrétaire, qui ne peut pas savoir aussi, que l'on parle à elles. »

[45] Über Ignaz Koch vgl. C. *v. Wurzbach*, Biographisches Lexikon des Kaiserthums Österreich, 12, 1864, S. 181–183; A. V. *Felgel* in Allgemeine Deutsche Biographie 16, 1882, S. 384–386; M. *Braubach*, Eine Satire auf den Wiener Hof aus den letzten Jahren Kaiser Karls VI., Mitteilungen des Instituts für Österreichische Geschichtsforschung 53, 1939, S. 55/56.

[46] Eugen an Jaupain, 13. April 1718, an Rousseau, 24. Juni 1718. Wien, Belgien a. a. O. 33.

[47] Erneut beruft er sich am 14. Juli auf Kochs Indisposition: « L'indisposition du secrétaire Koch est la cause que vous avez été sans avoir de mes lettres depuis le 13. juin, et comme il n'est pas entièrement rétabli, vous serez encore quelques semaines sans en recevoir d'autres. » Wien, G. K. 101 a.

[48] Wien, G. K. 96 a.

[49] Ebenda 95 b.

[50] Sowohl am 6. Februar als auch am 14. März 1731 teilt Koch Seckendorff mit, daß Ihrer Hochfürstlichen Durchlaucht die Zeit zu kurz geworden, um selbst zu schreiben. Wien, G. K. 114 a.

[51] Eugen an Seckendorff, 23. November 1729, 9. und 19. August, 20. September 1730. Ebenda 110 a, 112 b. Ähnliche Mitteilungen gingen zur gleichen Zeit an den Herzog von Bevern, Königsegg und Harrach. Den Anfang der letzten Krankheit hat Koch selbst am 12. August 1730 dem Grafen Harrach mitgeteilt, wobei er zugleich einen Einblick in seine Tätigkeit gibt: „Die hierbei liegende Expedition ist zwar bei die 4 Wochen schon fertig, allein bin ich zum Unglück eben den Tag, als ich morgens das Conzept davon entworfen und Ihro Durchlaucht sodann vorgelesen, mit einer sehr heftigen Alternation gegen den Abend überfallen worden, die endlich in eine doppelte tercianam ausgebrochen, dabei aber so abgemattet, daß, wiewohl seit etlichen Tagen das Fieber nachgelassen, es mir unmöglich gewesen, die Expedition eher zustande zu schreiben, und ist eben dieses Ursache, daß ich die zurückverlangten Beilagen annoch nicht kopieren können." Wien, Familienarchiv Harrach 584.

[52] Kaiser Karl an Eugen, 22. Januar 1732. Nach einem Brief vom 12. August 1731 hatte Koch „nach Euer Liebden hinterlassenen Befehl" dem Kaiser Relation und Brief Harrachs übersandt. Am 6. Mai 1732 schreibt der Kaiser dem Prinzen am Schluß langer Ausführungen, er habe Koch befohlen, ihn nicht in seiner kleinen Reise und Unterhaltung zu stören, sondern Brief und beiliegendes Paket erst bei seiner Rückkunft auszuhändigen. Wien, G. K. 90 b.

[53] Vgl. zu der Angelegenheit u. a. E. *Lavisse*, Die Jugend Friedrichs des Großen 1712–1733, 1919, S. 241–244. – Bezeichnend für das Vertrauensverhältnis zwischen dem Prinzen und Koch ist es, daß dieser sich in dem Schreiben der Sorgen von Eugens Großneffen, dem jungen Prinzen Eugen, annimmt, der anscheinend bestimmt war, mit den Briefen an den preußischen König und Seckendorff, die Koch seinem Großonkel zur Unterschrift zugesandt hatte, nach Berlin zu reisen: « J'ai remarqué », so lesen wir in Kochs Billett von ihm, « par son discours qu'il aurait souhaité, que Votre Altesse eût disposé quelque chose à l'égard de l'argent pour le voyage, mais qu'il n'a pas osé lui en parler »; die eigenhändige Antwort Eugens lautete: « Je vous renvoie les lettres signées. Donnez les à mon neveu et qu'il parte au plustôt, dites à votre père de lui donner quelque somme. »

[54] Dieses Schreiben Kochs mit dem Marginal Eugens findet sich nicht unter den „Notaten", sondern in Wien, G. K. 92 a, zwischen Briefen Eugens an Kaiser Joseph I. und an den damaligen König Karl III. von Spanien. Es trägt nur das Tages- und Monatsdatum 18 Juni « à midi », stellt aber zweifellos die unmittelbare Fortsetzung des schriftlichen Gedankenaustauschs vom 17. Juni 1733 dar. Das Marginal Eugens lautet: « Je suis aussi d'opinion qu'on doit communiquer à Robinson ma lettre au Roi et un extrait de sa réponse,

vous le pouvez faire ou par Starhemberg. Je vous envoie la résolution de l'Empereur touchant Mecklenburg, je ne l'ai pas pu lire.» Dabei liegt noch ein Zettel mit folgender Eintragung des Prinzen: « J'irai demain à la cour, ainsi envoyez moi ce soir les notes et écrits nécessaires.»

[55]) Bericht von Podewils bei C. *Hinrichs*, Friedrich der Große und Maria Theresia, Diplomatische Berichte von Otto Christoph Graf v. Podewils, königl. preuß. Gesandter am österreichischen Hof in Wien, 1937, S. 97–99. Über Kochs Anteil an der Geheimdiplomatie unter Maria Theresia vgl. M. *Braubach*, Versailles und Wien von Ludwig XIV. bis Kaunitz, Die Vorstadien der diplomatischen Revolution im 18. Jahrhundert, 1952, S. 351–354; H. *Schlitter*, Correspondance secrète entre le Comte A. W. Kaunitz-Rietberg, Ambassadeur Impérial à Paris, et le Baron Ignaz de Koch, Secrétaire de l'Impératrice Maria Thérèse, 1750–1752, 1899. Über Tarouca: Fr. *Walter*, Männer um Maria Theresia, 1951, S. 167–188; E. *Silva-Tarouca*, Der Mentor der Kaiserin, Der weltliche Seelenführer Maria Theresias, 1960.

[56] Harrach an Eugen, 3. August 1726: «... Votre Altesse que je considère comme mon unique et très puissant protecteur, sur lequel je compte absolument et entre les mains duquel je prends la liberté de mettre tous mes intérêts.» Wien, G. K. 87 a.

[57] Eugen an den Herzog von Bevern, 5. Oktober 1729. Wien, G. K. 82 b.

[58] Graf Victor Philippi war Obristwachtmeister in Eugens Regiment, den Savoyen-Dragonern, gewesen. Während des Polnischen Thronfolgekrieges erscheint er als General der Kavallerie. In einer in Paris, Autriche 179, liegenden Schrift mit dem Titel « Notes sur les Officiers Généraux de l'Armée Impériale » aus dem Jahre 1734 wird behauptet, daß der körperlich und geistig hinfällig gewordene Eugen außer von Koch von dem aus Piemont stammenden Philippi beherrscht werde, « qui a été son page et gouverneur de son neveu ... actuellement officier général de l'Empereur». An anderer Stelle des gleichen Schriftstücks wird er nochmals als Favorit des Savoyers bezeichnet. Der junge Friedrich von Preußen bezeichnet in seinem Tagebuch aus der Zeit seines Aufenthaltes bei der Armee Eugens im Sommer 1734 Philippi als « homme d'esprit et de mérite; mais fin politique». *R. Koser*, Tagebuch des Kronprinzen Friedrich aus dem Rheinfeldzug von 1734, Forschungen zur Brandenburgischen und Preußischen Geschichte 4, 1891, S. 224.

[59] Über den Grafen Lothar Joseph von Königsegg (1673–1751) vgl. Allgemeine Deutsche Biographie 16, S. 523–525; v. *Wurzbach* 12, 1864, S. 229–231; *Hinrichs*, Podewils, S. 78–80; *Braubach*, Satire, S. 45/46. Auch in einer ausführlichen Denkschrift über den Wiener Hof, die ein im Gefolge des französischen Botschafters Mirepoix von Anfang 1738 bis Ende 1740 in Wien wirkender Diplomat nach seiner Rückkehr nach Frankreich verfaßt hat – Paris, Autriche, 225 – wird Königsegg gelobt: « Il est peu, je dirais presque il ne s'est jamais trouvé d'homme, qu'on puisse comparer à ce général, aimé et estimé de son Maître autant que de ses amis particuliers ... [nach Schilderung seiner Absetzung als Oberbefehlshaber und Hofkriegsratspräsident während des Türkenkrieges:] Une pareille metamorphose ne produisit aucun changement en sa personne ni sur son caractère ni sur son esprit, et sa tranquillité d'âme ne parut point envié du violent orage qu'essuyait sa fortune.»

[60] Friedrich an seine Schwester Wilhelmine, 17. März 1732, G. B. *Volz*, Friedrich der Große und Wilhelmine von Baireuth, I, Jugendbriefe 1728–1740, 1924, S. 86. – Über Ferdinand Albrecht von Bevern (1680–1735), zuletzt Herzog von Braunschweig-Wolfenbüttel, siehe Allgemeine Deutsche Biographie 6, 1877, S. 681/82; E. *Poseck*, Die Kron-

prinzessin, Elisabeth Christine, Gemahlin Friedrichs des Großen, geborene Prinzessin von Braunschweig-Bevern, 1940, S. 12–41 u. ö., 297–321.

[61] Über Graf Friedrich Harrach (1696–1749) vgl. v. *Wurzbach* 7, S. 374/75; *Felgel* in Allgemeine Deutsche Biographie 10, 1879, S. 634–637; *Hinrichs*, Podewils, S. 84–86. Bericht Blondels, 4. Juni 1749, in Paris, Autriche 242 (zu der Nachricht über seine Erkrankung): « Ce sera une grande perte pour la tranquillité de l'Europe et de ce pays-ci, il a la reputation d'être juste et intègre, de parler avec une franchise peu commune, de n'avoir égard ni au respect ni aux bienséances humaines, pour dire son avis dans les Conférences, où il parle toujours suivant sa conscience en citoyen du monde et pour l'intérêt de sa Maîtresse, laquelle cependant a rarement adopté ses sentiments; il sera extrêmement regretté ici ». Siehe auch *Silva-Tarouca*, S. 101–106.

[62] Über Friedrich Heinrich von Seckendorff (1673–1763) vgl. Versuch einer Lebensbeschreibung des Feldmarschalls Grafen von Seckendorff, 1792–1794, und das aufschlußreiche Tagebuch seines Neffen Journal secret du Baron Christophe Louis de Seckendorff, beigebunden den Denkwürdigkeiten aus dem Leben der Königl. Preußischen Prinzessin Friederike Sophie Wilhelmine Markgräfin von Bayreuth, II, 1811; Allgemeine Deutsche Biographie 33, 1891, S. 514–517; H. *Wagner*, Das Reisejournal des Grafen Seckendorff vom 15. Juli bis zum 26. August 1730, Mitteilungen des Österreichischen Staatsarchivs 10, 1957, S. 186/87.

[63] Stephan Wilhelm Graf Kinsky (1679–1749) und Philipp Joseph Graf Kinsky (1700–1749) waren Stiefbrüder. Vgl. v. *Wurzbach* 11, 1864, S. 300/01. – Bericht des französischen Geschäftsträgers Bussy aus Wien, 21. Mai 1729: « On ne compte d'autre mérite à Kinsky que la faveur du Prince Eugène qui lui vient par la voie de Madame de Badiani dont le fils a épousé une de ses sœurs », Paris, Autriche 162. Eugen an Philipp Kinsky, 16. August und 25. September 1729, Wien, G. K. 94 b, an Seckendorff, 20. Juli 1729, ebenda 109. *Hinrichs*, Podewils, S. 87–90. Siehe auch *Silva-Tarouca*, S. 97/98.

[64] Graf Amadeus Rabutin war vom Juni bis November 1725 in Berlin, dann bis zu seinem Tode in St. Petersburg. Vgl. *Hausmann*, Repertorium der diplomatischen Vertreter II, S. 68, 77/78, 646. Er war ein Sohn des Feldmarschalls Bussy-Rabutin und der Dorothea Elisabeth von Holstein, die in erster Ehe mit dem Grafen Ludwig Georg von Sinzendorf verheiratet gewesen war, so daß der Hofkanzler Sinzendorf Rabutins Stiefbruder war. In einem Schreiben an den Herzog von Bevern vom 4. Oktober 1727 gibt Prinz Eugen zu Rabutins Tod den Kommentar, daß der Kaiser an ihm einen guten Minister verloren habe, der sich bei der russischen Nation, dem ganzen Ministerium und der „Herrschaft", also dem jungen Zaren Peter II., beliebt gemacht habe: Wien, G. K. 82 a; vgl. auch K. *Waliszeswki*, L'Héritage de Pierre le Grand, Règne des Femmes, Gouvernement des Favoris 1725–1741, 1900, S. 30. Rabutins Nachfolger in St. Petersburg war Graf Franz Karl Wratislaw († 1750), der übrigens mit Eugens Freund aus dem Spanischen Erbfolgekrieg, dem Kanzler Wratislaw, nur weitläufig verwandt war; vgl. v. *Wurzbach* 57, 1889, S. 166/67; *Hausmann*, Repertorium II, S. 57, 75/76, 78, 80, 255, 449.

[65] Vgl. A. *Fournier*, Die Geheimpolizei auf dem Wiener Kongreß, 1913; J. K. *Mayr*, Metternichs geheimer Briefdienst, Postlogen und Postkurse, 1935. Siehe übrigens J. *von Klaveren*, Die historische Erscheinung der Korruption, Vierteljahrsschrift für Sozial- und Wirtschaftsgeschichte 45, 1958, S. 470–478 (Die Korruption in der Diplomatie).

[66] So bezieht sich der Kaiser in einem Schreiben aus Laxenburg vom 11. Juni 1731 auf „beikommende Intercepta, welche Euer Liebden werden gesehen haben, ich aber von

großer Wichtigkeit und nötig finde, daß, wie Frankreich auf alles denkt uns im Reich und bei auswärtigen Höfen zu schaden, wir selbe womöglich vorkommen"; am 14. November 1731 schreibt er von Interzepten, aus denen die Motive des Verhaltens des hannoverschen Gesandten Dieden in der mecklenburgischen Angelegenheit hervorgingen. Am 21. Februar 1733 benachrichtigt der Kaiser den Prinzen, daß ein dem Brief beiliegendes Paket vom polnischen Kronpostamt dem schlesischen Postamt in Breslau zur sicheren Bestellung über Prag nach Paris „recommendiert", es aber von dem Postmeister an das Oberamt und durch dieses ihm zugeschickt worden sei, was „meinem Dünken nach recht geschehen": „Weil also glaube, daß es gewiß was wegen des Stanislaus darin enthalten, so glaubte nötig, daß Euer Liebden es gleich dem Neuf [?] schicken und befehlen, es aufmachen, abschreiben und dechiffrieren zu lassen und, weil die Sache dem Hofkanzler schon bekannt, morgen in der Konferenz geredet werden, ob ratsam (wie ich doch glaube), nachdem es abgeschrieben, wieder mit eigener Stafette nach Prag ablaufen zu lassen." In einem Postskriptum zu einem Schreiben an den Prinzen vom 25. Februar 1733 ist von einer „wunderlichen Nachricht" über das Verhalten eines eigenen Kuriers die Rede, worüber der Prinz sich bei Adami insgeheim informieren und die näheren Umstände erforschen lassen solle. Wien, G. K. 90 b.

[67] Vgl. P. *Haake*, La Société des Antisobres, Neues Archiv für Sächsische Geschichte und Altertumskunde 21, 1900, S. 241–254. Siehe auch P. *Haake*, August der Starke, 1927, S. 188/89.

[68] Manteuffel an Seckendorff, 24. November 1729: „notre heros di testa nera", 16. Dezember 1729: „si j'étais à la place de Noireau". Wien, G. K. 110 a. Die Bezeichnung le Noireau für Eugen findet sich auch in dem in Anm. 62 angeführten Geheimtagebuch von Seckendorffs Neffen.

[69] Wilhelmine an Friedrich, 6. Februar 1741: „Seit heute morgen werden wir von einer Person regaliert, die sich weniger darüber freut als ich: Graf Seckendorff ... Ich will froh sein, wenn er von hier abzieht; denn sein Anblick ist nicht gerade erfreulich. Er gleicht auf ein Haar dem Doktor Faust; denn er ist schwarz vom Kopf bis zu den Füßen. Ich weiß nicht, ob er sein Schicksal teilen wird ..." Erneut berichtet Wilhelmine dem Bruder über ein Zusammentreffen mit dem greisen Seckendorff am 8. und 11. Oktober 1751. „Der alte Feldmarschall Seckendorff gedeiht immer herrlicher. Er hat alle Zähne verloren; seine Hasenscharte ist verschwunden, und er hat einen reizenden Mund bekommen. Trotz seiner achtzig Jahre ist sein Geist ebenso frisch und gegenwärtig wie damals, als er uns rasend machte. Man stellt Fortuna mit Fug und Recht als blind dar; begünstigt sie doch so ausgiebig einen Mann, der es so wenig verdient hat. Er hat mir viel von den alten Zeiten und vom verstorbenen König erzählt. Ich habe es bewundert, wie unverschämt er die Geschichten wieder aufgewärmt hat, die ihm so wenig zur Ehre gereichen." Friedrich bedauerte in seiner Antwort vom 20. Oktober die Schwester „wegen der langweiligen Gesellschaft von Seckendorff. Er taugt nichts, weder in betrunkenem noch in nüchternem Zustande; ich wenigstens habe ihn sehr langweilig und blöde gefunden." *Volz*, Friedrich der Große und Wilhelmine von Baireuth, II, Briefe der Königszeit 1740–1758, 1926, S. 35/36, 205–207.

[70] Über Grumbkow (1678–1739) siehe Allgemeine Deutsche Biographie 10, 1879, S. 22–25; R. *Koser*, Briefwechsel Friedrichs des Großen mit Grumbkow und Maupertuis (1731–1759), 1898, S. IX–XXXII; C. *Hinrichs*, Die preußische Zentralverwaltung in den Anfängen Friedrich Wilhelms I., Forschungen zu Staat und Verfassung, Festgabe für Fritz Hartung, 1958, S. 249–251.

[71] Vgl. den Auszug aus Rechnungen Seckendorffs über geheime Ausgaben bei *Förster* III, S. 232: „Dem General Grumbkow ist seine ehedess gehabte Pension auf das Jahr 1732 mit eintausend Ducaten gezahlt worden. Wenn also selbige, ohngeachtet der nunmehr empfangenen beständigen allerhöchsten Begnadigung von 40 000 Gulden, dennoch sollte continuieret werden, so gebührt ihm pro anno 1733 eintausend Ducaten. – Wenn jemand in der Welt Gnade verdient, so ist es dieser Mann."

[72] Seckendorff an Eugen, 4. Oktober 1733, bei *Förster* III, S. 233: „Dem Castellan des Königs zu Potsdam, Eversmann, gebühren pro anno 1733 die ihm jährlich bestimmten 100 Ducaten." Vgl. über Rudolf Wilhelm Eversmann (1685–1745) G. *Poensgen,* Antoine Pesne. 1958, S. 120.

[73] Über Benjamin Friedrich von Reichenbach, der schon von 1726 bis Ende 1730 als Legationssekretär in London war, vgl. *Hausmann,* Repertorium II, S. 296. Am 5. Oktober 1729 hatte Prinz Eugen Seckendorff bevollmächtigt, mit Reichenbach zu verhandeln und ihm die Zusicherung seiner standesgemäßen Unterbringung bei Ausscheiden aus preußischem Dienst zu geben. Seckendorff berichtete am 12. Oktober, daß Reichenbach zum Geheimen Kriegsrat ernannt worden sei, aber nicht mehr als 1200 Reichstaler jährlich erhalte, so daß es kein Wunder sei, wenn sich diese Leute nach anderer Hilfe umsähen; er werde mit Grumbkow, der Reichenbachs einziger Freund am Hofe sei. überlegen, wie man ihn dazu bringen könne, seine Berichte nach des Kaisers Intention einzurichten. Das Urteil Seckendorffs über Reichenbach im Schreiben an Eugen vom 17. März 1731. Wien, G. K. 110 a und 114 a. Siehe auch *Förster* III, S. 234.

[74] Über Manteuffel (1676–1749) vgl. Thea v. *Seydewitz,* Ernst Christoph von Manteuffel, Kabinettsminister Augusts des Starken, Persönlichkeit und Wirken, 1926; M. *Braubach,* „Le Diable", ein Mentor Friedrichs des Großen als Agent des Prinzen Eugen, Historische Forschungen und Probleme, Peter Rassow zum 70. Geburtstag, 1961, S. 122–145.

[75] Manteuffel selbst hat in einem Brief an den Kronprinzen Friedrich vom 5. April 1736 von seiner „prétendue chevalerie de Sanssouci" gesprochen, worauf Friedrich am 24. März 1737 an Grumbkow schrieb: « Je pars pour retourner à Rheinsberg; c'est mon Sans-Souci. » Vgl. Oeuvres de Frédéric le Grand, 25, 1854, S. 450; *Koser,* Briefwechsel Friedrichs mit Grumbkow, S. 154.

[76] Auf die Nachricht vom Tode Eugens hat er ihn einem Freund gegenüber als den größten Helden seiner Zeit bezeichnet. *Seydewitz* S. 73. Über seine Briefe an Eugen vom Dezember 1735 bis April 1736 vgl. *Braubach,* „Le Diable", S. 132.

[77] Die Berichte Seckendorffs an Eugen aus den Jahren 1728 bis 1733 heben immer wieder Manteuffels Fähigkeit hervor.

[78] Bericht Seckendorffs, 14. Juli 1730, Wien, G. K. 112 b. Über August Friedrich von Seydewitz (1695–1775) siehe *Braubach,* Satire, S. 67.

[79] Über den Grafen Ämilius Villio siehe *Hausmann,* Repertorium II, S. 344. Seine durch Manteuffel an Seckendorff geleiteten Berichte aus der Zeit vom 8. Februar bis 29. August 1732 hat *Förster,* Höfe und Cabinette Europas, II, Urkundenbuch, abgedruckt, wobei als Absender Graf Cataneo angegeben wird, der jedoch mit Villio identisch ist. Seckendorff berichtete am 13. August 1731 an Eugen, daß Manteuffel ihn gebeten habe, Villio monatlich 50 Reichstaler zu verschaffen: da er nicht wisse, daß seine Rapporte nach Wien gingen, müsse man einen entsprechenden Kreditbrief an einen Kaufmann in Venedig ausstellen, der nach Abrede mit Manteuffel auszahlen sollte, ohne daß der Empfänger wüßte, woher das

Geld käme. In einem Schreiben Seckendorffs vom 12. April 1732 heißt es dann, daß Villio die ihm zugedacht gewesenen 400 Dukaten nicht angenommen, Manteuffel ihm aber auf sein Verlangen in Augsburg für 1200 Taler Silbergeschirr habe anfertigen lassen, welche Summe Manteuffel ersetzt werden müsse: „Denn obwohl meines Bedenkens dieser Korrespondent nicht allezeit solche Sachen einberichtet, so mit der Wahrheit übereinstimmen, so gibt er doch in verschiedenen Dingen soviel Licht, daß man die Absicht der Republik Venedig daraus urteilen kann." Am 25. April 1733 teilt Seckendorff Eugen mit, daß Villios Relationen zeitweise umhergeirrt, jetzt aber wieder eingelaufen seien; Manteuffel – der sich übrigens mit Schmerzen nach seiner Wiener Pension umsehe – mache sich anheischig, Villio „bessere principia" beizubringen, damit er in Dresden das einrate, was dem Kaiser dienlich sei, doch müsse man dabei vorsichtig zu Werke gehen, damit er nicht argwöhne, daß seine Relationen weitergegeben würden. Wien, G. K. 115, 116 b, 119.

[80] Am 8. August 1731 erklärte sich Eugen mit der Zahlung von 200 Dukaten an Schnurbein einverstanden. Ebenda 115. Nach den auf Manteuffels Mitteilungen zurückgehenden Berichten Seckendorffs an Eugen aus dem Jahre 1731 hielt er sich damals in Augsburg auf, von wo er Reisen an den bayreuthischen Hof und nach München unternahm. Bei *Hausmann,* Repertorium II, S. 331, wird Gottfried Freiherr von Schnurbein als sächsischer Gesandter in Bayern 1744/45 aufgeführt.

[81] Eugen an Seckendorff, 27. Januar 1732: Der Kaiser, so heißt es weiter, habe eine Summe von 2000 bis 2250 Dukaten bewilligt, die der Kronprinz entweder zur Anwerbung großer Leute oder anders verwenden könne. Wien, G. K. 116 b. Siehe den Briefwechsel zwischen Seckendorff und Friedrich bei *Förster,* Friedrich Wilhelm I., III, S. 221–229, und ebenda S. 231 die Abrechnung Seckendorffs aus dem Jahre 1734, wonach ihm am 11. April 1733 für den Kronprinzen 3210 Dukaten überwiesen wurden, er aber 400 Dukaten mehr ausgegeben hatte: „Es hat zwar", so heißt es da weiter, „bishero der Kronprinz sowohl bei mir selbst als durch Grumbkow seine Geldnot vorgestellt und einige Beihilfe haben wollen, weil er sich aber einige Zeit her auf keine Weise so aufgeführt, daß er der kaiserlichen Gnade würdig, so habe ihn zappeln und in große Not kommen lassen wollen, ehe man ihm beispringt. Es beruht also auf Ihro Kaiserlicher Majestät allerhöchster Entschließung, ob auf dieses laufende Jahr 1734 die ausgesetzte Pension von 3000 Dukaten soll continuiert werden." Vgl. *Lavisse* S. 222, 230, 233.

[82] Eugen an Seckendorff, 17. Januar 1733. Wien, G. K, 118 b. Nach der in Anm. 81 angeführten Abrechnung Seckendorffs hat Wilhelmine am 11. April 1733 1000 Dukaten von ihm erhalten: „Und da der Kronprinz, ihr Herr Bruder, selbiger mehr als jemand in der Welt Gehör gibt, und wo eine Möglichkeit, ihm andere principia beizubringen, solches durch sie geschehen muß, so kommt es auf allerhöchste Entschließung an, ob für dieses Jahr 1734 die Erbprinzessin von Bayreuth wiederum haben soll 1000 Dukaten."

[83] Vgl. *Lavisse* S. 229.

[84] Seckendorff an Eugen, 20. Oktober 1731, Wien, G. K. 116 a. Vgl. *Waliszewski* S. 59–61, 63/64.

[85] Seckendorff an Eugen, 15. September 1732. Wien, G. K. 117. Der Baron Reinhard Reede von Ginckel war nach *Hausmann,* Repertorium II, S. 248, von 1730 bis 1737 und erneut in den vierziger Jahren holländischer Gesandter in Berlin.

[86] In einem Brief Manteuffels an den Prinzen Eugen vom 21. Dezember 1735 erinnert er den Prinzen an eine bestimmte Kommission « avec laquelle j'envoyai il y a un an un

certain Somery à la cour de Cologne»; Eugen wisse, «que cet émissaire s'en est acquitté avec toute la dextérité, qui dépendait de lui et que selon toute apparence il y aura réussi à souhaits, si la disgrâce inopinée de M. Magis, son allié, ne l'avait fait échouer, et que l'Électeur de Cologne ne l'eût, presque en même temps, fait arrêter lui même. Or cet honnête homme, ayant été conduit à Munique, où il est toujours étroitement gardé dans une assez mauvaise prison, et ayant trouvé moyen de m'apprendre que, pour se tirer d'affaire, tous ses papiers ayant été saisis en même temps que lui, il n'a pu se dispenser d'avouer (comme j'en étais éventuellement convenu avec lui, en cas qu'il lui arrivait un malheur) dans ses interrogatoires: qu'il avait entamé sa dite négociation sur des ordres particuliers de moi... et que le but en avait été, de ramener Msgr. l'Électeur de Cologne à ses devoirs envers Sa Majesté Impériale et de reconcilier ensuite avec Elle par ce même Électeur l'Électeur de Bavière.» Sowohl in diesem wie dann auch in einem weiteren Brief vom 11. Februar 1736 bat Manteuffel den Prinzen, die Freilassung dieses Mannes zu bewirken, «toujours misérablement détenu à Munique pour avoir tenté il y a 2 ans à ma persuasion et avec l'approbation de Votre Altesse de rendre à Sa Majesté Impériale un service signalé à la Cour de Cologne.» Wien, G. K. 98 a. In dem im Bayrischen Geheimen Staatsarchiv in München, Kasten schwarz 1119 und 1146, liegenden Briefen des Kurfürsten Clemens August an seinen Bruder Karl Albert von Bayern aus dem Jahre 1735 ist verschiedentlich von dem „Kerl" Somery die Rede, der in Aachen festgesetzt und zunächst nach Bonn, dann nach München transportiert worden war. Am 10. Februar 1735 berichtet Clemens August, daß er in den Verhören beständig den Manteuffel nenne. Vgl. auch M. *Braubach*, Eine Tragödie am Hofe des Kurfürsten Clemens August von Köln, Der Tod des Komturs von Roll und seine Folgen, Annalen des Historischen Vereins für den Niederrhein 131, 1937, S. 82.

[87] Über Plettenberg (1690–1737) vgl. M. *Braubach*, Kurköln, Gestalten und Ereignisse aus zwei Jahrhunderten rheinischer Geschichte, 1949, S. 201–215; zuletzt M. *Braubach*, Ferdinand von Plettenberg, Westfälische Lebensbilder IX, 1962, S. 34–51.

[88] Harrach an Eugen, 24. März 1730. Wien, G. K. 87 a.

[89] In Bayern und Köln die Brüder Karl Albert und Clemens August, in Pfalz und Mainz die Brüder Karl Philipp und Franz Ludwig aus dem pfalz-neuburgischen Zweige der Wittelsbacher, von denen übrigens Franz Ludwig in enger Verbindung mit Plettenberg stand und seine Wendung auf die kaiserliche Seite begünstigte.

[90] Nach Plettenbergs Sturz wurde er selbst zunächst kaiserlicher Gesandter am Niederrhein, später dann als Botschafter in Rom vorgesehen, während sein Vetter Friedrich Christian auf den Posten des österreichischen Vertreters am Reichstag berufen wurde. Auch der mit Plettenberg befreundete bisherige Oberbefehlshaber der kurfürstlichen Truppen, Graf Lippe, wurde in kaiserliche Dienste übernommen, und Plettenbergs Geheimsekretär Bellanger fand eine Anstellung in den österreichischen Niederlanden.

[91] Ferdinand Albrecht war durch seine Frau Schwager der Kaiserin Elisabeth Christine, und der Großfürstin Charlotte, Mutter des Zaren Peter II. Von seinen Kindern heirateten Karl die Prinzessin Charlotte, Elisabeth Christine den Kronprinzen Friedrich und Luise den Prinzen August Wilhelm von Preußen, Anton die mit dem Zarenhaus nahe verwandte Prinzessin von Mecklenburg, die später kurze Zeit Regentin in Rußland war. Vgl. die Stammtafel am Schluß des Buchs von *Poseck* über die Kronprinzessin Elisabeth Christine.

[92] So gelangten durch ihn Berichte des Grafen Dehn aus England und Cramers aus Rußland an Eugen. Wien, G. K. 82 a, 82 b, 83 a.

[93] Wien, G. K. 150 a. Siehe auch A. *v. Arneth,* Prinz Eugen von Savoyen, III, 1864, S 555/56, 558. Über Rafael Melchior Macanaz, Fiskalprokurator des Rats von Kastilien, Gegner der Kurie und Vorkämpfer für eine Verständigung zwischen Habsburgern und Bourbonen, vgl. A. *Baudrillart,* Philippe V et la Cour de France, 1890, I, S. 227, III, S. 395–398, 424/25, IV, S. 173, V, S. 339, 446, 460/61, 476. Über Walef siehe ebenda II, S. 330–332, 390.

[94] Eugen an Kinsky, 2. März 1729. Wien, G. K. 94 b. – Kinsky ist u. a. in London mit einem angeblichen Vertreter der Stadt Emden im Fürstentum Ostfriesland in geheime Verbindung getreten, der vorschlug, die Ostendekompagnie nach Emden zu verlegen. Eugen antwortete am 5. Januar 1729, daß er die Angelegenheit mit dem Kaiser besprochen habe, « et Sa Majesté approuvant que vous n'en ayez rien insérée dans votre relation pourque la chose reste d'autant plus secrète, m'ordonne de vous répondre, que sans rejeter la proposition, si cet homme revient à vous en parler, vous vous conduisiez d'une telle manière, que sans lui ni ôter ni donner de l'espérance que Sa Majesté pourrait ou ne pourrait pas accepter cette proposition, vous lui répondiez, que n'ayant pas instructions sur ce point, vous ne pouviez qu'en faire rapport, mais pour ne pas vous exposer à manquer une chose sans fondement, vous vouliez savoir par qui il avait été autorisé de vous en parler et de quelle manière il pourrait vous prouver que ce serait la sincère intention du Magistrat de la ville . . . Vous continuerez, Monsieur, à vous servir de mon canal pour informer Sa Majesté de ce qui passera ultérieurement à cet égard, sans rien en toucher dans vos relations. » Ebenda.

[95] Wien, Harrach-Archiv 585. Eugen hatte schon am 15. September 1731 Kinsky Davenant empfohlen, der stets für die Verbindung zwischen England und Österreich eingetreten sei. Jedenfalls seit 1733 hielt sich der Engländer dann in Brüssel auf: er verdiene, so schrieb Eugen am 18. Februar 1733 an Harrach, konsideriert zu werden, denn er sei ein geschickter und ehrlicher Mann, der jederzeit für den Kaiser sich eingesetzt habe und deshalb auf Grund französischer und spanischer Intrigen um sein Glück in England gebracht worden sei. Im Harrach-Archiv liegt auch eine Reihe von Briefen Eugens an Davenant aus den folgenden Jahren. Henry Davenant erscheint während des Spanischen Erbfolgekrieges seit 1709 als englischer Vertreter an deutschen, danach bis 1722 an italienischen Höfen. Vgl. *Bittner–Gross,* Repertorium I, S. 182, 186, 191, 194, 203, *Hausmann,* Repertorium II, S. 148, 151, 154, 158, 167.

[96] Eugen an Seckendorff, 31. Oktober und 17. November 1730 (in dem letzten Brief wird die Absendung mitgeteilt). Am 14. Januar 1729 teilte Eugen Seckendorff mit, daß er die in Händen habenden 2000 Dukaten nicht durch den Kurier, sondern durch den mit der Ratifikation des mit Preußen geschlossenen Vertrages nach Berlin reisenden Legationssekretär Demrath überschicken wolle, damit die andern Minister nicht erführen, daß Seckendorff durch ihn Geld zugeschickt werde. Wien, G. K. 109, 113.

[97] Von Zahlungen über die Palms ist oft in der Korrespondenz zwischen Eugen und Seckendorff die Rede. Siehe auch *Förster,* Friedrich Wilhelm I, III, S. 231.

[98] Ebenda S. 233/34.

[99] Am 11. Juni 1727 benachrichtigte Eugen den Herzog, daß es mit dem Ersatz seiner Extra-Auslagen keinen Anstand haben werde. Am 2. April 1732 gibt er seiner Freude darüber Ausdruck, daß die in Ungarn geworbenen großen Rekruten Friedrich Wilhelm I. angenehm gewesen seien, und bittet um Angabe der Unkosten. Wien, G. K. 82 a und 83 a.

[100] Eugen an Seckendorff, 13. November 1728: „Für den zu Mannheim zwischen den vier Kurfürsten geschlossen sein sollenden Traktat können Euer Exzellenz, so es nicht wohlfeiler sein kann, 7 bis 800 Dukaten antragen und endlich bis 1000 sich einlassen." Wien, G. K. 108 b.

[101] Nach dem berühmten „Secret du Roi", d. h. der geheimen Korrespondenz König Ludwigs XV. von Frankreich mit diplomatischen Agenten in den Jahren 1752 bis 1774: vgl. Duc de *Broglie,* Le Secret du Roi, 1878; D. *Ozanam* et M. *Antoine,* Correspondance secrète du Comte de Broglie avec Louis XV (1756–1774), I. 1956.

[102] Eugen an Prié, 2. Oktober 1723: « J'ai fait en cela selon que j'ai cru du service de Sa Majesté, mais comme Elle a pensé autrement, et que la Compagnie a été érigée par son ordre, il n'y a pas d'autre parti à prendre que de songer à soutenir l'engagement de Sa Majesté par tous les moyens possibles. » Wien, G. K. 103 a.

[103] Eugen an Mac Neny, 17. Juni 1724. Wien, G. K. 101 a.

[104] Eugen an Mac Neny, 30. September 1724. Ebenda.

[105] Eugen an Mac Neny, 10. Januar 1725. Siehe auch den Brief an Mac Neny vom 13. September 1723, dessen Inhalt gleichfalls zur Weitergabe an Prié bestimmt war: « Toutes ces mauvaises cabales, qui augmentent d'un jour à l'autre ne peuvent naturellement que causer de chagrin à Monsieur le Marquis. J'en ai aussi peu de plaisir que lui, mais cela ne m'empêche entier de songer à remplir mon devoir comme je l'ai toujours fait, et Monsieur le Marquis doit faire le même sans témoigner d'en être embarassé. Un Ministre de sa capacité et expérience qui connaît depuis si longtemps les intrigues de la Cour ne doit pas se rebuter de ces sortes de travers et il doit montrer sa grandeur d'âme en les méprisant et en s'attachant uniquement à ce que le service et sa réputation demande sans s'en laisser détourner. » Ebenda.

[106] Vgl. das Kapitel über Hohendorff in M. *Braubach,* Geschichte und Abenteuer, S. 132–140.

[107] Vgl. *Braubach,* Versailles und Wien, S. 45–104.

[108] Vgl. *Braubach,* Geschichte und Abenteuer, S. 144–153, Versailles und Wien, S. 105 bis 133. Leider sind bisher Berichte Hohendorffs nicht gefunden worden. Auch in diesem Falle war der Kaiser unterrichtet und beteiligt, wie sich aus seinen Schreiben an Eugen vom 15. Juli und vom 26. August 1716 ergibt: in dem ersten heißt es, daß von Hohendorff noch nichts gekommen, was verwunderlich sei und glauben mache, daß der Regent mit England verhandele und „mit der Antwort hierher mit Fleiß zuwartet"; in dem zweiten wird von dem Befehl an Campmiller gesprochen, Eugen, „was seither unterm 10. dieses vom Hohendorff abermals einkommen, alsogleich zu überschicken" und die Reflexionen anzuführen, „welche in dieser delikaten Sache allhier genommen worden, damit Euer Liebden Ihre Opinion desto solider eröffnen können". Wien, G. K. 90 b.

[109] Vgl. das Kapitel über Bonneval in *Braubach,* Geschichte und Abenteuer, S. 295 bis 299, und Versailles und Wien, S. 136/37.

[110] Bonneval an Dubois, 1. Februar und 4. März 1719. Paris, Autriche 133. In dem letzten Schreiben, mit dem ein eigenhändiger Brief Eugens an Dubois übersandt wurde, entschuldigt Bonneval, daß der Prinz nicht früher geantwortet habe: « J'ose vous certifier qu'il a été si accablé d'affaires depuis deux mois qu'il n'a pas eu un seul moment à lui; vous savez, Monsieur, qu'il est chargé comme premier ministre de toutes les choses les plus accablantes de ce pays-ci. »

[111] Das hebt Saint Saphorin in seinen Berichten nach London mehrfach hervor. Vgl. M. *Naumann*, Österreich, England und das Reich 1719–1732, S. 35.

[112] So etwa Saint Saphorin in einer seinem Bericht vom 10. Februar 1720 beigefügten «Relation sur l'Interne de la Cour Impériale». London 80/40.

[113] Winterpalais und Sommerschloß des Prinzen in Wien.

[114] Saint Saphorin an Townshend, 19. Februar 1725. Er bringt sogar die freundliche Aufnahme des spanischen Sendboten Ripperda mit Absichten Sinzendorfs und Rialps, Eugen ganz auszuschalten, in Zusammenhang: «Le Prince Eugène est fort contraire à cette négociation, mais Sinzendorf et Rialp l'appuient de toute leur force, dans l'espérance que, si l'Empereur se voyait uni avec l'Espagne, il croirait de n'avoir plus besoin du Prince et qu'on pourrait ainsi disposer plus aisément l'Empereur à le dégoûter de telle manière qu'il abandonne la partie.» London 80/54. Die Briefe des Kaisers an Eugen ergeben allerdings, daß er Eugen vom Eintreffen Ripperdas an über die Verhandlungen mit ihm auf dem laufenden hielt. Vgl. zu den ganzen Verhandlungen und den sie abschließenden Wiener Verträgen G. *Mecenseffy*, Karls VI. Spanische Bündnispolitik 1725–1729, S. 19–36.

[115] Saint Saphorin an Townshend, 17. Juli 1722: «Quoique le Prince Eugène n'aie pas raison d'aimer trop l'Empereur, il sera toujours scrupuleusement attaché à son devoir.» London 80/47. Bericht du Bourgs nach Paris, 23. Februar 1725: «Si l'Empereur a pris le moindre engagement, alors le Prince Eugène le soutient avec hauteur.» Paris, Autriche 147.

[116] Bitter beklagt er sich u. a. in einem Brief an Walef vom 1. Januar 1727 über «l'aveuglement des deux nations maritimes, l'animosité des Ministres qui sont à la tête des affaires en Angleterre, la dépendance absolue des Hollandais de ce même ministère». Wien, G. K. 150 a.

[117] Vgl. *Naumann* S. 115; *Mecenseffy* S. 50/51, 90. Man warf in Wien Saint Saphorin, der im April 1727 Wien verlassen mußte, vor, daß er in der Meinung, durch Drohungen bei Österreich alles erreichen zu können, in anmaßender Weise auftrat. Noch am 22. Januar 1732 sprach der Kaiser in einem Brief an Eugen davon, daß es scheine, als ob in England „die Sansaforinischen Maximen noch ziemlich Kraft haben, daß man mit Drohen mit uns alles richten kann". Wien, G. K. 90 b.

[118] Saint Saphorin an Townshend, 21. Dezember 1726; über die Verhandlungen der Österreicher in Berlin und St. Petersburg: «J'ai de plus en plus des indices que c'est le grand objet du Prince Eugène.»

[119] Vgl. V. *Loewe*, Preußens Staatsverträge aus der Regierungszeit König Friedrich Wilhelms I., 1913, S. 311–322, 357–373; *Mecenseffy* S. 62–68, 116–129: „Die Gewinnung Preußens ist wohl als Prinz Eugens eigenstes Werk anzusprechen." Ebenda S. 68–73 über das Bündnis mit Rußland.

[120] Vgl. v. *Seydewitz*, S. 67–74; *Braubach*, «Le Diable», S. 123/24, 127.

[121] Hiervon ist in der Korrespondenz zwischen Eugen und Seckendorff häufig die Rede, besonders im September 1731, in dem Seckendorff zu Verhandlungen in Kassel war. Wien, G. K. 115.

[122] Am 7. Februar 1730 berichtete Seckendorff, Graf Grävenitz habe ihm versichert, daß seine Schwester den Herzog auf den guten Weg geführt und er sich bereit erklärt habe, dem Kaiser zwei Regimenter zu überlassen. Am gleichen Tage schrieb Eugen Seckendorff, daß man den Herzog, an den durch einen anderen Weg ein „Anwurf" getan worden sei, wohl nur durch die „sogenannte Landoberhofmeisterin" gewinnen könne, und am

22. Februar gab der Prinz dem Gesandten Vollmacht, durch den Baron Gemmingen Grävenitz bedeuten zu lassen, „wie er samt seiner Schwester nicht geringes Verdienst bei Kaiserlicher Majestät sich machen würde, wo er den Herzog von Württemberg wieder herbei bringen könnte"; der ins Reich gesandte Graf Kufstein sei angewiesen, mit Grävenitz Verbindung aufzunehmen und sich seines Rats zu bedienen. Wien, G. K. 110 b. Bei der Schwester des Grafen Friedrich Wilhelm Grävenitz handelt es sich um die den Herzog Eberhard Ludwig beherrschende Gräfin Christiane Wilhelmine Würben; vgl. über sie Allgemeine Deutsche Biographie 5, 1877, S. 562/63; Selma *Stern,* Jud Süss, Ein Beitrag zur deutschen und zur jüdischen Geschichte, 1929, S. 45/46.

[123] Vertrag vom 26. August 1731. Vgl. zuletzt *Braubach,* Westfälische Lebensbilder IX, S. 42.

[124] Darüber stand Eugen sowohl mit Harrach als auch mit Seckendorff in Gedankenaustausch. So wies er etwa am 16. Dezember 1731 Harrach an, sich zu bemühen, um den Kurfürsten von der Pfalz auf den rechten Weg zu bringen, dabei aber stets zu beachten, daß man den „so patriotisch als wohl gesinnten" König von Preußen nicht verstimme und ihm nicht den mindesten Anlaß zu Jalousie oder Beschwerden gebe. Wien, Harrach-Archiv, 585.

[125] Schon am 11. Mai 1725 berichteten der Franzose du Bourg und Saint Saphorin in einem gleichlautenden Bericht nach Paris und London über Eugens Unzufriedenheit mit der durch das spanische Bündnis geschaffenen Lage: « Il a toujours été ennemi radical de la Couronne de France, et sa hauteur l'a rendu depuis longtemps sensible au delà de tout ce qu'on peut se l'imaginer sur ce que le Roi de la Grande-Bretagne a si constamment résisté à tous les efforts qu'ils ont faits, pour le détacher de Sa Majesté Très Chrétienne. » London 80/55.

[126] Eugen an Seckendorff, 16. September 1728, 19. März und 12. Mai 1729. Wien, G. K. 108 b und 109.

[127] Eugen an Kinsky, 29. August 1729. Ebenda 94 b.

[128] Vgl. G. *Steuer,* Englands Österreichpolitik in den Jahren 1730–1735 nach den Berichten des englischen Gesandten am Wiener Hof, Thomas Robinson, Bonner Dissertation (Maschinenschrift), 1957; A. F. *Pribram,* Österreichische Staatsverträge, England, I, 1907, S. 472/73. Siehe die Äußerung Bartensteins in der weiter unten genannten Denkschrift aus dem Jahre 1762: „Eine stärkere reciproque Verknüpfung, als damals beschlossen worden, hat zwischen dem Durchläuchtigsten Königlichen Erzhaus und beiden Seemächten nie obgewaltet, und ist wohl eine stärkere auszusinnen nicht wohl möglich." A. v. *Arneth,* Bartenstein und seine Zeit, 1871, S. 141.

[129] *Vgl. Braubach,* Versailles und Wien, S. 172–182.

[130] Eugen an Stephan Kinsky, 18. Juli 1731. Wien, G. K. 95 a.

[131] Walpole an Eugen, 30. Mai 1731. Wien, G. K. 150 a. Vorgeschichte und Wortlaut des Bündnisses bei *Pribram* I, S. 464–514. Vgl. *Naumann,* S. 166–173.

[132] Nach dem Bilde Friedrichs des Großen in seiner Histoire de mon temps: Die Werke Friedrichs des Großen, II, 1913, S. 29.

[133] Vgl. H. v. *Zwiedineck-Südenhorst,* Die Anerkennung der Pragmatischen Sanktion Karls VI. durch das Reich, Mitteilungen des Instituts für Österreichische Geschichtsforschung 16, 1895.

[134] Berichte Seckendorffs an Eugen aus Kopenhagen vom 10., 13., 17., 24. und 18. Mai 1732. Wien, G. K. 117. Vgl. zu dem Vertrag (26. Mai 1732) L. *Bittner*, Chronologisches Verzeichnis der Österreichischen Staatsverträge I, 1903, S. 151, 153. Ebenda S. 152–155 über die Verträge mit Weimar, Eisenach, Gotha, Hessen, Kassel, Württemberg.

[135] Vertrag vom 22. Juli 1731. *Pribram* I, S. 514–526.

[136] Eugen an Philippi, 13. Juni 1731. Wien, G. K. 238.

[137] Denkschrift Bartensteins aus dem Jahre 1762, v. *Arneth*, Bartenstein, S. 146/47, Es heißt darin weiter: „Das alte für so heilsam angegebene, die Vereinigung mit beiden Seemächten zum Grund habende und, wenn allerseits gleich aufrichtig zu Werk gegangen wird, an sich ersprießliche Systema war mehr als nie, soviel mittels schriftlicher starker Verbindlichkeiten nur immer beschehen können, befestigt ... Das Kaiserliche Ansehen im Deutschen Reich war so groß, daß man nicht nur das Reich zur Garantie der Pragmatischen Sanktion vermöget, sondern auch auf die Mehrheit der Stimmen in beiden höheren Reichs-Collegiis, solange der Kaiser im Leben war, im Voraus zählen können, ohne sich ein solches so viel als seither kosten zu lassen . . . Von seiten der im Jahre 1732 mit dem Persianischen Krieg beschäftigten Türken hatte man nichts zu besorgen. Schweden konnte nicht schaden. Mit Dänemark war man in Freundschaft und Bündnis. Und insolange von den vier Brüdern Grafen von Löwenwolde der älteste, ein überaus geschickter und dem hiesigen Hof gänzlich ergebener Minister, im Leben war, konnte man sicher sein, den Preußischen Hof und den für selben übermäßig geneigten Grafen von Ostermann im Zaum zu halten. In Italien konnte so wenig Spanien als Sardinien wagen, die Ruhe zu stören, ohne daß Frankreich am Krieg mit teilnahm, um willen man ansonsten bei obbeschriebener Bewandtnis die vereinbarte Kriegsmacht, wie im Jahre 1730 geschehen, denselben allda hätte entgegensetzen und ihre widrige Vorhaben leicht vereiteln können."

[138] Dies begann mit der auf Drängen der Engländer erhobenen Forderung, die bisher gerade von Wien betriebene Hochzeit des Kronprinzen mit der Prinzessin von Bevern abzusagen. Berichte Seckendorffs vom November 1732 bis Juni 1733. Wien, G. K. 118 a, 118 b, 119. Vgl. *Lavisse* S. 235–246.

[139] Vgl. zuletzt *Braubach*, Westfälische Lebensbilder, IX, S. 44–46.

[140] Vgl. *Braubach* in dem Kapitel Tragischer Ausgang eines großen Lebens, Geschichte und Abenteuer, S. 418–427.

[141] Karl an Eugen, 23. Februar 1732: « Votre rhume, mon cher Prince, me donne de la peine »; 5. April 1732: « ... souhaitant que la rhume un fois vous laisse »; 3. Dezember 1732: « Je souhais que toutes les rhumes et cathars soient passées »; 26. Januar 1733: « Je vous conjure, ayez soin de votre santé, gardez-vous du mauvais temps, restez un peu plus au lit »; 29. März 1733: « ... souhaitant qu'à la fin cet obstiné rhume vous abandonne »; und so geht es fort.

[142] Bericht Bussys, 14. Juni 1732: « que le Prince commençait à perdre la mémoire et qu'il baissait tous les jours »; 14. Februar 1733: « Le Prince Eugène a depuis lundi tous les soirs une fièvre lente et il ne veut faire aucun remède; la chose en est au point que l'Empereur écrivit avanthier un billet au Comte Gundaker Starhemberg pour lui ordonner de conseiller au Prince Eugène comme son ami, de ne pas négliger sa maladie et de faire quelques remèdes, mais rien n'a pu vaincre l'obstination du Prince, il baisse tous les jours, et tout le monde croit qu'il ne vivra pas encore longtemps »; 21. Februar 1733: « Quant au Prince Eugène, il y a trois jours qu'il ne va point à l'assemblée ... Il a un grand rhume avec un

toux excessif, un pied enflé et qu'il peut à peine trainer, et une fièvre lente tous les jours. Il continue à ne vouloir point faire de remèdes et il baisse à vue d'œil. » Paris, Autriche 175.

[143] Siehe die « Notes sur les Officiers Généraux de l'Armée Impériale » aus dem Jahre 1734 in Paris, Autriche 179: « M. le Prince Eugène ne peut plus revenir à l'armée, on a tant circonstancié son état présent pendant cette campagne, qu'il est inutile de tracer un nouveau tableau de la décadence de la nature humaine. Sa mémoire est effacée ... [nach Ausführungen über Koch und Philippi] ces deux hommes ... dirigent toute la besogne du Prince Eugène, qui ne fait que donner l'ordre, et le reste du temps il est à voir jouer au trictrac, riant de temps à temps, parlant très peu, de crainte qu'on s'apperçoive que la mémoire lui manque et de l'abaissement de son esprit. »

[144] Noch im Februar 1735 hat er Robinson versichern zu können geglaubt, daß er den von diesem vorgelegten Friedensplan allein mit dem Kaiser beraten und zur Annahme bringen werde. *Steuer*, S. 135.

[145] In den Briefen des Kaisers an Eugen taucht Bartenstein seit Beginn des Jahres 1730 auf, so am 8. und am 22. Januar, in denen Karl sich darauf bezieht, daß Bartenstein mit wichtigen Schriftstücken bei dem Prinzen gewesen sei. „Gestern", so schreibt er dann am 15. Januar 1731 während der Verhandlungen mit Robinson über die Verständigung mit England, „hat mir der Bartenstein zwar den von Euer Liebden approbierten Aufsatz der Antwort an Robinson geschickt, welchen auch gut gefaßt finde, allein da dies in geheim und ohne Wissen des Hofkanzlers geschehen ist ..." Wien, G. K. 90 b. Bussy berichtet am 14. Februar 1733 nach Paris: « L'Empereur par un decret du 3. fevrier a fait Baron le Sieur Bartenstein et lui a donné le titre de Secrétaire Intime d'État. La fortune et le crédit de cet homme sont d'autant plus inconcevables qu'il n'est rien moins qu'habile. » Paris, Autriche 175. Vgl. über Bartenstein: *Arneth*, Bartenstein; F. *Walter*, Männer um Maria Theresia, S. 19–38; M. *Braubach*, Johann Christoph Bartensteins Herkunft und Anfänge, Mitteilungen des Instituts für Österreichische Geschichtsforschung 53, 1939; J. *Hrazky*, Johann Christoph Bartenstein, der Staatsmann und Erzieher, Mitteilungen des Österreichischen Staatsarchivs 11, 1958, S. 221–251 (dessen Versuch einer Rehabilitierung Bartensteins als Staatsmann mich nicht überzeugt hat); *Silva-Tarouca* S. 91–97. Eine ausführliche kritische Charakteristik Bartensteins findet sich in dem Mémoire eines französischen Diplomaten aus dem Jahre 1740 oder 1741 in Paris, Autriche 225. Aufschlußreich sind die bei *Schlitter*, Correspondance Secrète Kaunitz-Koch, S. 359–363, abgedruckten Eingaben Bartensteins an Maria Theresia vom 29. November 1752; in dem Rückblick auf seine Laufbahn heißt es da, daß er seit seiner Anstellung in Wien anfangs mit geheimen Staatssachen befaßt worden sei, „als aber des Tedeschi Unterbauungen entdeckt worden, hat sich diesfalls ein Unterbruch von mehreren Jahren ereignet, während welcher Zeit mich auf die Interna gänzlich verlegt." Bei der Tedeschi-Affäre im Jahre 1719 handelte es sich um eine Intrige gegen den Prinzen Eugen: ob der Gegensatz zwischen ihm und Bartenstein schon von dieser Periode herrührt?

[146] *Steuer*, S. 1735: Bericht Robinsons über eine Unterredung mit Prinz Eugen am 1. November 1735: "His Highness added that he was extremely consterned, this Court had been so hasty in signing, that he had been here, it should not have be done."

[147] Weisung an du Theil in Wien, 3. Mai 1736. Paris, Autriche 189.

Personenregister

VERÖFFENTLICHUNGEN DER ARBEITSGEMEINSCHAFT FÜR FORSCHUNG DES LANDES NORDRHEIN-WESTFALEN

AGF-N Heft Nr.		NATURWISSENSCHAFTEN
1	*Friedrich Seewald, Aachen*	Neue Entwicklungen auf dem Gebiete der Antriebsmaschinen
	Fritz A. F. Schmidt, Aachen	Technischer Stand und Zukunftsaussichten der Verbrennungsmaschinen, insbesondere der Gasturbinen
	Rudolf Friedrich, Mülheim (Ruhr)	Möglichkeiten und Voraussetzungen der industriellen Verwertung der Gasturbine
2	*Wolfgang Riezler, Bonn*	Probleme der Kernphysik
	Fritz Micheel, Münster	Isotope als Forschungsmittel in der Chemie und Biochemie
3	*Emil Lehnartz, Münster*	Der Chemismus der Muskelmaschine
	Gunther Lehmann, Dortmund	Physiologische Forschung als Voraussetzung der Bestgestaltung der menschlichen Arbeit
	Heinrich Kraut, Dortmund	Ernährung und Leistungsfähigkeit
4	*Franz Wever, Düsseldorf*	Aufgaben der Eisenforschung
	Hermann Schenck, Aachen	Entwicklungslinien des deutschen Eisenhüttenwesens
	Max Haas, Aachen	Die wirtschaftliche und technische Bedeutung der Leichtmetalle und ihre Entwicklungsmöglichkeiten
5	*Walter Kikuth, Düsseldorf*	Virusforschung
	Rolf Danneel, Bonn	Fortschritte der Krebsforschung
	Werner Schulemann, Bonn	Wirtschaftliche und organisatorische Gesichtspunkte für die Verbesserung unserer Hochschulforschung
6	*Walter Weizel, Bonn*	Die gegenwärtige Situation der Grundlagenforschung in der Physik
	Siegfried Strugger †, Münster	Das Duplikantenproblem in der Biologie
	Fritz Gummert, Essen	Überlegungen zu den Faktoren Raum und Zeit im biologischen Geschehen und Möglichkeiten einer Nutzanwendung
7	*August Götte, Aachen*	Steinkohle als Rohstoff und Energiequelle
	Karl Ziegler, Mülheim (Ruhr)	Über Arbeiten des Max-Planck-Instituts für Kohlenforschung
8	*Wilhelm Fucks, Aachen*	Die Naturwissenschaft, die Technik und der Mensch
	Walther Hoffmann, Münster	Wirtschaftliche und soziologische Probleme des technischen Fortschritts
9	*Franz Bollenrath, Aachen*	Zur Entwicklung warmfester Werkstoffe
	Heinrich Kaiser, Dortmund	Stand spektralanalytischer Prüfverfahren und Folgerung für deutsche Verhältnisse
10	*Hans Braun, Bonn*	Möglichkeiten und Grenzen der Resistenzzüchtung
	Carl Heinrich Dencker, Bonn	Der Weg der Landwirtschaft von der Energieautarkie zur Fremdenergie
11	*Herwart Opitz, Aachen*	Entwicklungslinien der Fertigungstechnik in der Metallbearbeitung
	Karl Krekeler, Aachen	Stand und Aussichten der schweißtechnischen Fertigungsverfahren
12	*Hermann Rathert, W'tal-Elberfeld*	Entwicklung auf dem Gebiet der Chemiefaser-Herstellung
	Wilhelm Weltzien, Krefeld	Rohstoff und Veredlung in der Textilwirtschaft
13	*Karl Herz, Frankfurt*	Die technischen Entwicklungstendenzen im elektrischen Nachrichtenwesen
	Leo Brandt, Düsseldorf	Navigation und Luftsicherung
14	*Burckhardt Helferich, Bonn*	Stand der Enzymchemie und ihre Bedeutung
	Hugo Wilhelm Knipping, Köln	Ausschnitt aus der klinischen Carcinomforschung am Beispiel des Lungenkrebses

15	*Abraham Esau †, Aachen*	Ortung mit elektrischen und Ultraschallwellen in Technik und Natur
	Eugen Flegler, Aachen	Die ferromagnetischen Werkstoffe der Elektrotechnik und ihre neueste Entwicklung
16	*Rudolf Seyffert, Köln*	Die Problematik der Distribution
	Theodor Beste, Köln	Der Leistungslohn
17	*Friedrich Seewald, Aachen*	Die Flugtechnik und ihre Bedeutung für den allgemeinen technischen Fortschritt
	Edouard Houdremont †, Essen	Art und Organisation der Forschung in einem Industriekonzern
18	*Werner Schulemann, Bonn*	Theorie und Praxis pharmakologischer Forschung
	Wilhelm Groth, Bonn	Technische Verfahren zur Isotopentrennung
19	*Kurt Traenckner †, Essen*	Entwicklungstendenzen der Gaserzeugung
20	*M. Zvegintzov, London*	Wissenschaftliche Forschung und die Auswertung ihrer Ergebnisse Ziel und Tätigkeit der National Research Development Corporation
	Alexander King, London	Wissenschaft und internationale Beziehungen
21	*Robert Schwarz, Aachen*	Wesen und Bedeutung der Siliciumchemie
	Kurt Alder †, Köln	Fortschritte in der Synthese der Kohlenstoffverbindungen
21a	*Karl Arnold*	Forschung an Rhein und Ruhr
	Otto Hahn, Göttingen	Die Bedeutung der Grundlagenforschung für die Wirtschaft
	Siegfried Strugger †, Münster	Die Erforschung des Wasser- und Nährsalztransportes im Pflanzenkörper mit Hilfe der fluoreszenzmikroskopischen Kinematographie
22	*Johannes von Allesch, Göttingen*	Die Bedeutung der Psychologie im öffentlichen Leben
	Otto Graf, Dortmund	Triebfedern menschlicher Leistung
23	*Bruno Kuske, Köln*	Zur Problematik der wirtschaftswissenschaftlichen Raumforschung
	Stephan Prager, Düsseldorf	Städtebau und Landesplanung
24	*Rolf Danneel, Bonn*	Über die Wirkungsweise der Erbfaktoren
	Kurt Herzog, Krefeld	Der Bewegungsbedarf der menschlichen Gliedmaßengelenke bei der Arbeit
25	*Otto Haxel, Heidelberg*	Energiegewinnung aus Kernprozessen
	Max Wolf, Düsseldorf	Gegenwartsprobleme der energiewirtschaftlichen Forschung
26	*Friedrich Becker, Bonn*	Ultrakurzwellenstrahlung aus dem Weltraum
	Hans Straßl, Münster	Bemerkenswerte Doppelsterne und das Problem der Sternentwicklung
27	*Heinrich Behnke, Münster*	Der Strukturwandel der Mathematik in der ersten Hälfte des 20. Jahrhunderts
	Emanuel Sperner, Hamburg	Eine mathematische Analyse der Luftdruckverteilungen in großen Gebieten
28	*Oskar Niemczyk †, Berlin*	Die Problematik gebirgsmechanischer Vorgänge im Steinkohlenbergbau
	Wilhelm Ahrens, Krefeld	Die Bedeutung geologischer Forschung für die Wirtschaft, besonders in Nordrhein-Westfalen
29	*Bernhard Rensch, Münster*	Das Problem der Residuen bei Lernvorgängen
	Hermann Fink, Köln	Über Leberschäden bei der Bestimmung des biologischen Wertes verschiedener Eiweiße von Mikroorganismen
30	*Friedrich Seewald, Aachen*	Forschungen auf dem Gebiet der Aerodynamik
	Karl Leist †, Aachen	Einige Forschungsarbeiten aus der Gasturbinentechnik
31	*Fritz Mietzsch †, Wuppertal*	Chemie und wirtschaftliche Bedeutung der Sulfonamide
	Gerhard Domagk, Wuppertal	Die experimentellen Grundlagen der bakteriellen Infektionen
32	*Hans Braun, Bonn*	Die Verschleppung von Pflanzenkrankheiten und Schädlingen über die Welt
	Wilhelm Rudorf, Köln	Der Beitrag von Genetik und Züchtung zur Bekämpfung von Viruskrankheiten der Nutzpflanzen

33	*Volker Aschoff, Aachen*	Probleme der elektroakustischen Einkanalübertragung
	Herbert Döring, Aachen	Die Erzeugung und Verstärkung von Mikrowellen
34	*Rudolf Schenck, Aachen*	Bedingungen und Gang der Kohlenhydratsynthese im Licht
	Emil Lehnartz, Münster	Die Endstufen des Stoffabbaues im Organismus
34a	*Wilhelm Fucks, Aachen*	Mathematische Analyse von Sprachelementen, Sprachstil und Sprachen
35	*Hermann Schenck, Aachen*	Gegenwartsprobleme der Eisenindustrie in Deutschland
	Eugen Piwowarsky †, Aachen	Gelöste und ungelöste Probleme im Gießereiwesen
36	*Wolfgang Riezler, Bonn*	Teilchenbeschleuniger
	Gerhard Schubert, Hamburg	Anwendungen neuer Strahlenquellen in der Krebstherapie
37	*Franz Lotze, Münster*	Probleme der Gebirgsbildung
38	*E. Colin Cherry, London*	Kybernetik. Die Beziehung zwischen Mensch und Maschine
	Erich Pietsch, Frankfurt	Dokumentation und mechanisches Gedächtnis – zur Frage der Ökonomie der geistigen Arbeit
39	*Abraham Esau †, Aachen*	Der Ultraschall und seine technischen Anwendungen
	Heinz Haase, Hamburg	Infrarot und seine technischen Anwendungen
40	*Fritz Lange, Bochum-Hordel*	Die wirtschaftliche und soziale Bedeutung der Silikose im Bergbau
	Walter Kikuth und Werner Schlipköter, Düsseldorf	Die Entstehung der Silikose und ihre Verhütungsmaßnahmen
40a	*Eberhard Gross, Bonn*	Berufskrebs und Krebsforschung
	Hugo Wilhelm Knipping, Köln	Die Situation der Krebsforschung vom Standpunkt der Klinik
41	*Gustav-Victor Lachmann, London*	An einer neuen Entwicklungsschwelle im Flugzeugbau
	A. Gerber, Zürich-Oerlikon	Stand der Entwicklung der Raketen- und Lenktechnik
42	*Theodor Kraus, Köln*	Über Lokalisationsphänomene und Ordnungen im Raume
	Fritz Gummert, Essen	Vom Ernährungsversuchsfeld der Kohlenstoffbiologischen Forschungsstation Essen
42a	*Gerhard Domagk, Wuppertal*	Fortschritte auf dem Gebiet der experimentellen Krebsforschung
43	*Giovanni Lampariello, Rom*	Das Leben und das Werk von Heinrich Hertz
	Walter Weizel, Bonn	Das Problem der Kausalität in der Physik
43a	*José Ma Albareda, Madrid*	Die Entwicklung der Forschung in Spanien
44	*Burckhardt Helferich, Bonn*	Über Glykoside
	Fritz Micheel, Münster	Kohlenhydrat-Eiweißverbindungen und ihre biochemische Bedeutung
45	*John von Neumann †, Princeton,*	Entwicklung und Ausnutzung neuerer mathematischer Maschinen
	Eduard Stiefel, Zürich	Rechenautomaten im Dienste der Technik
46	*Wilhelm Weltzien, Krefeld*	Ausblick auf die Entwicklung synthetischer Fasern
	Walther G. Hoffmann, Münster	Wachstumsprobleme der Wirtschaft
47	*Leo Brandt, Düsseldorf*	Die praktische Förderung der Forschung in Nordrhein-Westfalen
	Ludwig Raiser, Tübingen	Die Förderung der angewandten Forschung durch die Deutsche Forschungsgemeinschaft
48	*Hermann Tromp, Rom*	Die Bestandsaufnahme der Wälder der Welt als internationale und wissenschaftliche Aufgabe
	Franz Heske, Hamburg	Die Wohlfahrtswirkungen des Waldes als internationales Problem
49	*Günther Böhnecke, Hamburg*	Zeitfragen der Ozeanographie
	Heinz Gabler, Hamburg	Nautische Technik und Schiffssicherheit
50	*Fritz A. F. Schmidt, Aachen*	Probleme der Selbstzündung und Verbrennung bei der Entwicklung der Hochleistungskraftmaschinen
	August Wilhelm Quick, Aachen	Ein Verfahren zur Untersuchung des Austauschvorganges in verwirbelten Strömungen hinter Körpern mit abgelöster Strömung
51	*Johannes Pätzold, Erlangen*	Therapeutische Anwendung mechanischer und elektrischer Energie

52	*F. W. A. Patmore, London*	Der Air Registration Board und seine Aufgaben im Dienste der britischen Flugzeugindustrie
	A. D. Young, London	Gestaltung der Lehrtätigkeit in der Luftfahrttechnik in Großbritannien
52a	*C. Martin, London*	Die Royal Society
	A. J. A. Roux, Südafrikanische Union	Probleme der wissenschaftlichen Forschung in der Südafrikanischen Union
53	*Georg Schnadel, Hamburg*	Forschungsaufgaben zur Untersuchung der Festigkeitsprobleme im Schiffsbau
	Wilhelm Sturtzel, Duisburg	Forschungsaufgaben zur Untersuchung der Widerstandsprobleme im See- und Binnenschiffbau
53a	*Giovanni Lampariello, Rom*	Von Galilei zu Einstein
54	*Walter Dieminger, Lindau/Harz*	Ionosphäre und drahtloser Weitverkehr
54a	*John Cockcroft, F.R.S., Cambridge*	Die friedliche Anwendung der Atomenergie
55	*Fritz Schultz-Grunow, Aachen*	Kriechen und Fließen hochzäher und plastischer Stoffe
	Hans Ebner, Aachen	Wege und Ziele der Festigkeitsforschung, insbesondere im Hinblick auf den Leichtbau
56	*Ernst Derra, Düsseldorf*	Der Entwicklungsstand der Herzchirurgie
	Gunther Lehmann, Dortmund	Muskelarbeit und Muskelermüdung in Theorie und Praxis
57	*Theodor von Kármán, Pasadena*	Freiheit und Organisation in der Luftfahrtforschung
	Leo Brandt, Düsseldorf	Bericht über den Wiederbeginn deutscher Luftfahrtforschung
58	*Fritz Schröter, Ulm*	Neue Forschungs- und Entwicklungsrichtungen im Fernsehen
	Albert Narath, Berlin	Der gegenwärtige Stand der Filmtechnik
59	*Richard Courant, New York*	Die Bedeutung der modernen mathematischen Rechenmaschinen für mathematische Probleme der Hydrodynamik und Reaktortechnik
	Ernst Peschl, Bonn	Die Rolle der komplexen Zahlen in der Mathematik und die Bedeutung der komplexen Analysis
60	*Wolfgang Flaig, Braunschweig*	Zur Grundlagenforschung auf dem Gebiet des Humus und der Bodenfruchtbarkeit
	Eduard Mückenhausen, Bonn	Typologische Bodenentwicklung und Bodenfruchtbarkeit
61	*Walter Georgii, München*	Aerophysikalische Flugforschung
	Klaus Oswatitsch, Aachen	Gelöste und ungelöste Probleme der Gasdynamik
62	*Adolf Butenandt, München*	Über die Analyse der Erbfaktorenwirkung und ihre Bedeutung für biochemische Fragestellungen
63	*Oskar Morgenstern, Princeton*	Der theoretische Unterbau der Wirtschaftspolitik
64	*Bernhard Rensch, Münster*	Die stammesgeschichtliche Sonderstellung des Menschen
65	*Wilhelm Tönnis, Köln*	Die neuzeitliche Behandlung frischer Schädelhirnverletzungen
65a	*Siegfried Strugger †, Münster*	Die elektronenmikroskopische Darstellung der Feinstruktur des Protoplasmas mit Hilfe der Uranylmethode und die zukünftige Bedeutung dieser Methode für die Erforschung der Strahlenwirkung
66	*Wilhelm Fucks, Gerd Schumacher und Andreas Scheidweiler, Aachen*	Bildliche Darstellung der Verteilung und der Bewegung von radioaktiven Substanzen im Raum, insbesondere von biologischen Objekten (Physikalischer Teil)
	Hugo Wilhelm Knipping und Erich Liese, Köln	Bildgebung von Radioisotopenelementen im Raum bei bewegten Objekten (Herz, Lungen etc.) (Medizinischer Teil)
67	*Friedrich Paneth †, Mainz*	Die Bedeutung der Isotopenforschung für geochemische und kosmochemische Probleme
	J. Hans D. Jensen und H. A. Weidenmüller, Heidelberg	Die Nichterhaltung der Parität
67a	*Francis Perrin, Paris*	Die Verwendung der Atomenergie für industrielle Zwecke
68	*Hans Lorenz, Berlin*	Forschungsergebnisse auf dem Gebiete der Bodenmechanik als Wegbereiter für neue Gründungsverfahren
	Georg Garbotz, Aachen	Die Bedeutung der Baumaschinen- und Baubetriebsforschung für die Praxis

69	*Maurice Roy, Chatillon*	Luftfahrtforschung in Frankreich und ihre Perspektiven im Rahmen Europas
	Alexander Naumann, Aachen	Methoden und Ergebnisse der Windkanalforschung
69a	*Harry W. Melville, London*	Die Anwendung von radioaktiven Isotopen und hoher Energiestrahlung in der polymeren Chemie
70	*Eduard Justi, Braunschweig*	Elektrothermische Kühlung und Heizung. Grundlagen und Möglichkeiten
	Richard Vieweg, Braunschweig	Maß und Messen in Geschichte und Gegenwart
71	*Fritz Baade, Kiel*	Gesamtdeutschland und die Integration Europas
	Günther Schmölders, Köln	Ökonomische Verhaltensforschung
72	*Rudolf Wille, Berlin*	Modellvorstellungen zum Übergang Laminar-Turbulent
	Josef Meixner, Aachen	Neuere Entwicklung der Thermodynamik
73	*Ake Gustafsson, Diter v. Wettstein und Lars Ehrenberg, Stockholm*	Mutationsforschung und Züchtung
	Joseph Straub, Köln	Mutationsauslösung durch ionisierende Strahlung
74	*Martin Kersten, Aachen*	Neuere Versuche zur physikalischen Deutung technischer Magnetisierungsvorgänge
	Günther Leibfried, Aachen	Zur Theorie idealer Kristalle
75	*Wilhelm Klemm, Münster*	Neue Wertigkeitsstufen bei den Übergangselementen
	Helmut Zahn, Aachen	Die Wollforschung in Chemie und Physik von heute
76	*Henri Cartan, Paris*	Nicolas Bourbaki und die heutige Mathematik
76a	*Harald Cramér, Stockholm*	Aus der neueren mathematischen Wahrscheinlichkeitslehre
77	*Georg Melchers, Tübingen*	Die Bedeutung der Virusforschung für die moderne Genetik
	Alfred Kühn, Tübingen	Über die Wirkungsweise von Erbfaktoren
78	*Fréderic Ludwig, Paris*	Experimentelle Studien über die Distanzeffekte in bestrahlten vielzelligen Organismen
	A. H. W. Aten jr., Amsterdam	Die Anwendung radioaktiver Isotope in der chemischen Forschung
79	*Hans Herloff Inhoffen und Wilhelm Bartmann, Braunschweig*	Chemische Übergänge von Gallensäuren in cancerogene Stoffe und ihre möglichen Beziehungen zum Krebsproblem
	Rolf Danneel, Bonn	Entstehung, Funktion und Feinbau der Mitochondrien
80	*Max Born, Bad Pyrmont*	Der Realitätsbegriff in der Physik
81	*Joachim Wüstenberg, Gelsenkirchen*	Der gegenwärtige ärztliche Standpunkt zum Problem der Beeinflussung der Gesundheit durch Luftverunreinigungen
82	*Paul Schmidt, München*	Periodisch wiederholte Zündungen durch Stoßwellen
83	*Walter Kikuth, Düsseldorf*	Die Infektionskrankheiten im Spiegel historischer und neuzeitlicher Betrachtungen
84	*F. Rudolf Jung †, Aachen*	Die geodätische Erschließung Kanadas durch elektronische Entfernungsmessung
84a	*Hans-Ernst Schwiete, Aachen*	Ein zweites Steinzeitalter? – Gesteinshüttenkunde früher und heute
85	*Horst Rothe, Karlsruhe*	Der Molekularverstärker und seine Anwendung
	Roland Lindner, Göteborg	Atomkernforschung und Chemie, aktuelle Probleme
86	*Paul Denzel, Aachen*	Technische und wirtschaftliche Probleme der Energieumwandlung und -Fortleitung
87	*Jean Capelle, Lyon*	Der Stand der Ingenieurausbildung in Frankreich
88	*Friedrich Panse, Düsseldorf*	Klinische Psychologie, ein psychiatrisches Bedürfnis
	Heinrich Kraut, Dortmund	Über die Deckung des Nährstoffbedarfs in Westdeutschland
90	*Edgar Rößger, Berlin*	Zur Analyse der auf angebotene tkm umgerechneten Verkehrsaufwendungen und Verkehrserträge im Luftverkehr
	Günther Ulbricht, Oberpfaffenhofen (Obb.)	Die Funknavigationsverfahren und ihre physikalischen Grenzen
91	*Franz Wever, Düsseldorf*	Das Schwert in Mythos und Handwerk
	Ernst Hermann Schulz, Dortmund	Über die Ergebnisse neuerer metallkundlicher Untersuchungen alter Eisenfunde und ihre Bedeutung für die Technik und die Archäologie

92	*Hermann Schenck, Aachen*	Wertung und Nutzung der wissenschaftlichen Arbeit am Beispiel des Eisenhüttenwesens
93	*Oskar Löbl, Essen*	Streitfragen bei der Kostenberechnung des Atomstroms
	Frederic de Hoffmann, Los Alamos	Ein neuer Weg zur Kostensenkung des Atomstroms. Das amerikanische Hochtemperaturprojekt (NTGR)
	Rudolf Schulten, Mannheim	Die Entwicklung des Hochtemperaturreaktors
94	*Gunther Lehmann, Dortmund*	Die Einwirkung des Lärms auf den Menschen
	Franz Josef Meister, Düsseldorf	Geräuschmessungen an Verkehrsflugzeugen und ihre hörpsychologische Bewertung
96	*Herwart Opitz, Aachen*	Technische und wirtschaftliche Aspekte der Automatisierung
	Joseph Mathieu, Aachen	Arbeitswissenschaftliche Aspekte der Automatisierung
97	*Stephan Prager, Düsseldorf*	Das deutsche Luftbildwesen
	Hugo Kasper, Heerbrugg (Schweiz)	Die Technik des Luftbildwesens
98	*Karl Oberdisse, Düsseldorf*	Aktuelle Probleme der Diabetesforschung
	H. D. Cremer, Gießen	Neue Gesichtspunkte zur Vitaminversorgung
99	*Hans Schwippert, Düsseldorf*	Über das Haus der Wissenschaften und die Arbeit des Architekten von heute
	Volker Aschoff, Aachen	Über die Planung großer Hörsäle
101	*Reimar Pohlman, Aachen*	Die neuesten Ergebnisse der Ultraschallforschung in Anwendung und Ausblick auf die moderne Technik
	E. Ahrens, Kiel	Schall und Ultraschall in der Unterwassernachrichtentechnik
102	*Heinrich Hertel, Berlin*	Grundlagenforschung für Entwurf und Konstruktion von Flugzeugen
103	*Franz Ollendorff, Haifa*	Technische Erziehung in Israel
104	*Hans Ferdinand Mayer, München*	Interkontinentale Nachrichtenübertragung mittels moderner Tiefseekabel und Satellitenverbindungen
106	*Lord Hailsham, London*	Staat und Wissenschaft in einer freien Gesellschaft
111	*Sir Basil Schonland, Harwell*	Einige Gesichtspunkte über die friedlichen Verwendungsmöglichkeiten der Atomenergie

AGF-G Heft Nr.		GEISTESWISSENSCHAFTEN
1	*Werner Richter †, Bonn*	Von der Bedeutung der Geisteswissenschaften für die Bildung unserer Zeit
	Joachim Ritter, Münster	Die Lehre vom Ursprung und Sinn der Theorie bei Aristoteles
2	*Josef Kroll, Köln*	Elysium
	Günther Jachmann, Köln	Die vierte Ekloge Vergils
3	*Hans Erich Stier, Münster*	Die klassische Demokratie
4	*Werner Caskel, Köln*	Lihyan und Lihyanisch. Sprache und Kultur eines früharabischen Königreiches
5	*Thomas Ohm, O. S. B., Münster*	Stammesreligionen im südlichen Tanganjika-Territorium
6	*Georg Schreiber, Münster*	Deutsche Wissenschaftspolitiker von Bismarck bis zum Atomwissenschaftler Otto Hahn
7	*Walter Holtzmann, Bonn*	Das mittelalterliche Imperium und die werdenden Nationen
8	*Werner Caskel, Köln*	Die Bedeutung der Beduinen in der Geschichte der Araber
9	*Georg Schreiber, Münster*	Irland im deutschen und abendländischen Sakralraum
10	*Peter Rassow †, Köln*	Forschungen zur Reichs-Idee im 16. und 17. Jahrhundert
11	*Hans Erich Stier, Münster*	Roms Aufstieg zur Weltmacht und die griechische Welt
12	*Karl Heinrich Rengstorf, Münster*	Mann und Frau im Urchristentum
	Hermann Conrad, Bonn	Grundprobleme einer Reform des Familienrechtes
13	*Max Braubach, Bonn*	Der Weg zum 20. Juli 1944. Ein Forschungsbericht
15	*Franz Steinbach, Bonn*	Der geschichtliche Weg des wirtschaftenden Menschen in die soziale Freiheit und politische Verantwortung

16	*Josef Koch, Köln*	Die Ars coniecturalis des Nikolaus von Kues
17	*James B. Conant, USA*	Staatsbürger und Wissenschaftler
	Karl Heinrich Rengstorf, Münster	Antike und Christentum
19	*Fritz Schalk, Köln*	Das Lächerliche in der französischen Literatur des Ancien Régime
20	*Ludwig Raiser, Tübingen*	Rechtsfragen der Mitbestimmung
21	*Martin Noth, Bonn*	Das Geschichtsverständnis der alttestamentlichen Apokalyptik
22	*Walter F. Schirmer, Bonn*	Glück und Ende der Könige in Shakespeares Historien
23	*Günther Jachmann, Köln*	Der homerische Schiffskatalog und die Ilias (erschienen als wissenschaftliche Abhandlung)
24	*Theodor Klauser, Bonn*	Die römische Petrustradition im Lichte der neuen Ausgrabungen unter der Peterskirche
25	*Hans Peters, Köln*	Die Gewaltentrennung in moderner Sicht
28	*Thomas Ohm, O.S.B., Münster*	Die Religionen in Asien
29	*Johann Leo Weisgerber, Bonn*	Die Ordnung der Sprache im persönlichen und öffentlichen Leben
30	*Werner Caskel, Köln*	Entdeckungen in Arabien
31	*Max Braubach, Bonn*	Landesgeschichtliche Bestrebungen und historische Vereine im Rheinland
32	*Fritz Schalk, Köln*	Somnium und verwandte Wörter in den romanischen Sprachen
33	*Friedrich Dessauer, Frankfurt*	Reflexionen über Erbe und Zukunft des Abendlandes
34	*Thomas Ohm, O.S.B., Münster*	Ruhe und Frömmigkeit. Ein Beitrag zur Lehre von der Missionsmethode
35	*Hermann Conrad, Bonn*	Die mittelalterliche Besiedlung des deutschen Ostens und das Deutsche Recht
36	*Hans Sckommodau, Köln*	Die religiösen Dichtungen Margaretes von Navarra
37	*Herbert von Einem, Bonn*	Der Mainzer Kopf mit der Binde
38	*Joseph Höffner, Münster*	Statik und Dynamik in der scholastischen Wirtschaftsethik
39	*Fritz Schalk, Köln*	Diderots Essai über Claudius und Nero
40	*Gerhard Kegel, Köln*	Probleme des internationalen Enteignungs- und Währungsrechts
41	*Johann Leo Weisgerber, Bonn*	Die Grenzen der Schrift – Der Kern der Rechtschreibreform
43	*Theodor Schieder, Köln*	Die Probleme des Rapallo-Vertrags. Eine Studie über die deutsch-russischen Beziehungen 1922–1926
44	*Andreas Rumpf, Köln*	Stilphasen der spätantiken Kunst
45	*Ulrich Luck, Münster*	Kerygma und Tradition in der Hermeneutik Adolf Schlatters
46	*Walther Holtzmann, Bonn*	Das deutsche historische Institut in Rom
	Graf Wolff Metternich, Rom	Die Bibliotheca Hertziana und der Palazzo Zuccari zu Rom
47	*Harry Westermann, Münster*	Person und Persönlichkeit als Wert im Zivilrecht
49	*Friedrich Karl Schumann †, Münster*	Mythos und Technik
52	*Hans J. Wolff, Münster*	Die Rechtsgestalt der Universität
54	*Max Braubach, Bonn*	Der Einmarsch deutscher Truppen in die entmilitarisierte Zone am Rhein im März 1936. Ein Beitrag zur Vorgeschichte des zweiten Weltkrieges
55	*Herbert von Einem, Bonn*	Die „Menschwerdung Christi" des Isenheimer Altares
56	*Ernst Joseph Cohn, London*	Der englische Gerichtstag
57	*Albert Woopen, Aachen*	Die Zivilehe und der Grundsatz der Unauflöslichkeit der Ehe in der Entwicklung des italienischen Zivilrechts
58	*Parl Kerényi, Ascona*	Die Herkunft der Dionysosreligion nach dem heutigen Stand der Forschung
59	*Herbert Jankuhn, Göttingen*	Die Ausgrabungen in Haithabu und ihre Bedeutung für die Handelsgeschichte des frühen Mittelalters
60	*Stephan Skalweit, Bonn*	Edmund Burke und Frankreich
62	*Anton Moortgat, Berlin*	Archäologische Forschungen der Max-Freiherr-von-Oppenheim-Stiftung im nördlichen Mesopotamien 1955
63	*Joachim Ritter, Münster*	Hegel und die französische Revolution
66	*Werner Conze, Heidelberg*	Die Strukturgeschichte des technisch-industriellen Zeitalters als Aufgabe für Forschung und Unterricht

67	*Gerhard Hess, Bad Godesberg*	Zur Entstehung der „Maximen" La Rochefoucaulds
69	*Ernst Langlotz, Bonn*	Der triumphierende Perseus
70	*Geo Widengren, Uppsala*	Iranisch-semitische Kulturbegegnung in parthischer Zeit
71	*Josef M. Wintrich †, Karlsruhe*	Zur Problematik der Grundrechte
72	*Josef Pieper, Münster*	Über den Begriff der Tradition
73	*Walter T. Schirmer, Bonn*	Die frühen Darstellungen des Arthurstoffes
74	*William Lloyd Prosser, Berkeley*	Kausalzusammenhang und Fahrlässigkeit
75	*Johann Leo Weisgerber, Bonn*	Verschiebung in der sprachlichen Einschätzung von Menschen und Sachen (erschienen als wissenschaftliche Abhandlung)
76	*Walter H. Bruford, Cambridge*	Fürstin Gallitzin und Goethe. Das Selbstvervollkommnungsideal und seine Grenze
77	*Hermann Conrad, Bonn*	Die geistigen Grundlagen des Allgemeinen Landrechts für die preußischen Staaten von 1794
78	*Herbert von Einem, Bonn*	Asmus Jacob Carsten, Die Nacht mit ihren Kindern
79	*Paul Gieseke, Bad Godesberg*	Eigentum und Grundwasser
80	*Werner Richter †, Bonn*	Wissenschaft und Geist in der Weimarer Republik
81	*Leo Weisgerber, Bonn*	Sprachenrecht und europäische Einheit
82	*Otto Kirchheimer, New York*	Gegenwartsprobleme der Asylgewährung
83	*Alexander Knur, Bad Godesberg*	Probleme der Zugewinngemeinschaft
84	*Helmut Coing, Frankfurt*	Die juristischen Auslegungsmethoden und die Lehren der allgemeinen Hermeneutik
85	*André George, Paris*	Der Humanismus und die Krise der Welt von heute
86	*Harald von Petrikovits, Bonn*	Das römische Rheinland. Archäologische Forschungen seit 1945
87	*Franz Steinbach, Bonn*	Ursprung und Wesen der Landgemeinde nach rheinischen Quellen
88	*Jost Trier, Münster*	Versuch über Flußnamen
89	*C. R. van Paassen, Amsterdam*	Platon in den Augen der Zeitgenossen
90	*Pietro Quaroni, Rom*	Die kulturelle Sendung Italiens
91	*Theodor Klauser, Bonn*	Christlicher Märtyrerkult, heidnischer Heroenkult und spätjüdische Heiligenverehrung
92	*Herbert von Einem, Bonn*	Karl V. und Tizian
93	*Friedrich Merzbacher, München*	Die Bischofsstadt
94	*Martin Noth, Bonn*	Die Ursprünge des alten Israel im Lichte neuer Quellen
95	*Hermann Conrad, Bonn*	Rechtsstaatliche Bestrebungen im Absolutismus Preußens und Österreichs am Ende des 18. Jahrhunderts
96	*Helmut Schelsky, Münster*	Der Mensch in der wissenschaftlichen Zivilisation
97	*Joseph Höffner, Münster*	Industrielle Revolution und religiöse Krise. Schwund und Wandel des religiösen Verhaltens in der modernen Gesellschaft
98	*James Boyd, Oxford*	Goethe und Shakespeare
99	*Herbert von Einem, Bonn*	Das Abendmahl des Leonardo da Vinci
100	*Ferdinand Elsener, Tübingen*	Notare und Stadtschreiber. Zur Geschichte des schweizerischen Notariats

AGF-WA Band Nr.		WISSENSCHAFTLICHE ABHANDLUNGEN
1	*Wolfgang Priester, Hans-Gerhard Bennewitz und Peter Lengrüßer, Bonn*	Radiobeobachtungen des ersten künstlichen Erdsatelliten
2	*Leo Weisgerber, Bonn*	Verschiebungen in der sprachlichen Einschätzung von Menschen und Sachen
3	*Erich Meuthen, Marburg*	Die letzten Jahre des Nikolaus von Kues
4	*Hans-Georg Kirchhoff, Rommerskirchen*	Die staatliche Sozialpolitik im Ruhrbergbau 1871–1914
5	*Günther Jachmann, Köln*	Der homerische Schiffskatalog und die Ilias

6	*Peter Hartmann, Münster*	Das Wort als Name (Struktur, Konstitution und Leistung der benennenden Bestimmung)
7	*Anton Moortgat, Berlin*	Archäologische Forschungen der Max-Freiherr-von-Oppenheim-Stiftung im nördlichen Mesopotamien 1956
8	*Wolfgang Priester und Gerhard Hergenhahn, Bonn*	Bahnbestimmung von Erdsatelliten aus Doppler-Effekt-Messungen
9	*Harry Westermann, Münster*	Welche gesetzlichen Maßnahmen zur Luftreinhaltung und zur Verbesserung des Nachbarrechts sind erforderlich?
10	*Hermann Conrad und Gerd Kleinheyer, Bonn*	Carl Gottlieb Svarez (1746–1798) – Vorträge über Recht und Staat
11	*Georg Schreiber, Münster*	Die Wochentage im Erlebnis der Ostkirche und des christlichen Abendlandes
12	*Günther Bandmann, Bonn*	Melancholie und Musik. Ikonographische Studien
13	*Wilhelm Goerdt, Münster*	Fragen der Philosophie. Ein Materialbeitrag zur Erforschung der Sowjetphilosophie im Spiegel der Zeitschrift „Voprosy Filosofii" 1947–1956
14	*Anton Moortgat, Berlin*	Tell Chuēra in Nordost-Syrien. Vorläufiger Bericht über die Grabung 1958
15	*Gerd Dicke, Krefeld*	Der Identitätsgedanke bei Feuerbach und Marx
17	*Thea Buyken, Bonn*	Das römische Recht in den Constitutionen von Melfi
18	*Lee E. Farr, Brookhaven, Hugo Wilhelm Knipping, Köln, und William H. Lewis, New York*	Nuklearmedizin in der Klinik. Symposion in Köln und Jülich unter besonderer Berücksichtigung der Krebs- und Kreislaufkrankheiten
19	*Hans Schwippert, Düsseldorf Volker Aschoff, Aachen, u. a.*	Das Karl-Arnold-Haus. Haus der Wissenschaften der AGF des Landes Nordrhein-Westfalen in Düsseldorf. Planungs- und Bauberichte (Herausgegeben von Leo Brandt, Düsseldorf)
20	*Theodor Schieder, Köln*	Das deutsche Kaiserreich von 1871 als Nationalstaat

SONDERVERÖFFENTLICHUNGEN

Aufgaben Deutscher Forschung, zusammengestellt und herausgegeben von *Leo Brandt*

Band 1 Geisteswissenschaften · Band 2 Naturwissenschaften
Band 3 Technik · Band 4 Tabellarische Übersicht zu den Bänden 1—3

Festschrift der Arbeitsgemeinschaft für Forschung des Landes Nordrhein-Westfalen zu Ehren des Herrn Ministerpräsidenten *Karl Arnold* anläßlich des fünfjährigen Bestehens am 5. Mai 1955.

GPSR Compliance

The European Union's (EU) General Product Safety Regulation (GPSR) is a set of rules that requires consumer products to be safe and our obligations to ensure this.

If you have any concerns about our products, you can contact us on ProductSafety@springernature.com

In case Publisher is established outside the EU, the EU authorized representative is:

Springer Nature Customer Service Center GmbH
Europaplatz 3
69115 Heidelberg, Germany

Batch number: 10584556

Printed by Printforce, the Netherlands